中等职业教育"十三五"规划教材

化工原理

上 册

第四版

闫志谦　张利锋　编
齐广辉　主审

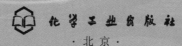

·北京·

内 容 提 要

本书主要介绍了化学工程中常见的化工单元操作的基本原理、典型设备的构造和性能及基本计算方法。教材配套了原理动画、实物实拍、微课、VR等数字资源，以帮助学生更好地理解教学内容。数字资源可通过扫描二维码观看。

全书分上、下两册。上册除绪论、附录外，包括流体流动、流体输送、非均相物系的分离、传热、蒸发共五章内容；下册有蒸馏、吸收、液-液萃取、干燥、结晶共五章内容。每章编有例题，章末有思考题和习题，书末附有习题参考答案。

本书可作为化工类及相关专业的中等职业学校、中等专业学校教材，也可作为化工及相关企业工人培训教材或供化工及相关企业从事生产的管理人员参考。

图书在版编目（CIP）数据

化工原理．上册/闫志谦，张利锋编．—4版．—北京：化学工业出版社，2020.5（2024.10重印）
中等职业教育"十三五"规划教材
ISBN 978-7-122-36565-1

Ⅰ.①化… Ⅱ.①闫…②张… Ⅲ.①化工原理-中等专业学校-教材 Ⅳ.①TQ02

中国版本图书馆CIP数据核字（2020）第053600号

责任编辑：王海燕　于　卉　　　　　　　装帧设计：王晓宇
责任校对：李雨晴

出版发行：化学工业出版社（北京市东城区青年湖南街13号　邮政编码100011）
印　　刷：北京云浩印刷有限责任公司
装　　订：三河市振勇印装有限公司

710mm×1000mm　1/16　印张14½　字数264千字　2024年10月北京第4版第6次印刷

购书咨询：010-64518888　　　　　　　　售后服务：010-64518899
网　　址：http://www.cip.com.cn

凡购买本书，如有缺损质量问题，本社销售中心负责调换。

定　　价：32.00元　　　　　　　　　　　　　　　　　版权所有　违者必究

前言

化工原理是化工及相关专业开设的一门重要的专业基础课。因其是专业基础课，内容相对稳定，但并非一成不变，应该紧跟化工类专业发展方向，不断更新内容，使教材更加符合中等职业学校的教学要求和培养目标。基于这一原则，本书每修订一次都补充一些新的内容，现在的第四版也是如此。

为适应中等职业教育发展的新形势，本书自1986年第一版面世至今已经出了4个版本，版本更迭的过程也是本书不断完善的过程。第四版在保留第三版深入浅出、浅显易懂、避免繁杂的数学推导和计算、侧重基础知识的学习和应用等特点的基础上，修订了部分内容，响应了"互联网+职业教育"的号召，补充了多媒体素材，实现了传统纸质教材与互联网资源库的对接，使原理的表达更直观、形象、易理解。

本书第四版由闫志谦、张利锋编写，闫志谦统稿，河北化工医药职业技术学院齐广辉审阅书稿。其中，绪论、第一章、第二章、第三章、第四章、第五章、第十章及附录由张利锋编写；第六章、第七章、第八章、第九章由闫志谦编写；部分多媒体素材由河北化工医药职业技术学院齐广辉主创制作。本书修订过程中得到了同事们的大力支持，在此表示衷心的感谢。

本书各版本的出版都得到了化学工业出版社的各级领导和责任编辑的热情支持和帮助，特致以诚挚的谢意。

本书曾获第八届中国石油和化学工业优秀教材一等奖。这对作者是鼓励，更是鞭策。尽管如此，限于作者水平，书中难免有不妥、疏漏之处，恳切希望读者给予批评指正。

编　者
2020年2月

第三版前言

2005 年、2006 年由化学工业出版社出版的《化工原理》上、下册第二版（王振中、张利锋编）曾获得第八届中国石油和化学工业优秀教材一等奖。本书在保持第二版教材特色的基础上，修订内容如下：①改编了部分章节的内容和顺序；②增加了部分单元操作的操作要点和注意事项；③删除了设计计算和偏深的内容；④精选了各章的例题和习题；⑤各章新增加了思考题；⑥精选了附录中的部分内容；⑦配套了本教材的电子课件。

本书在修订过程中力求深入浅出，浅显易懂，避免了一些繁杂的数学推导和计算，侧重单元操作基础知识的学习和应用，使教材更加符合中等职业学校的教学要求和培养目标。

本书由河北化工医药职业技术学院张利锋、闫志谦编写。其中，绪论、第一章、第二章、第三章、第四章、第五章、第十章及附录由张利锋编写；第六章、第七章、第八章、第九章由闫志谦编写。全书由张利锋统稿，河北化工医药职业技术学院王振中审阅书稿。

全书按上、下两册出版。上册除绪论、附录外，包括流体流动、流体输送、非均相物系的分离、传热、蒸发共五章内容。下册包括蒸馏、吸收、液-液萃取、干燥、结晶共五章内容。每章章末附有思考题和习题，书末配有各章习题的参考答案。

在本书编写过程中，得到了相关领导和同事们的大力支持，在此表示感谢。由于编者水平有限，不妥之处在所难免，恳切希望读者给予批评指正。

本教材的电子课件可到化学工业出版社教学资源网 www.cipedu.com.cn 上下载。

编 者
2011 年 2 月

目 录

绪论 /001

一、化工原理的研究对象 / 001

二、本课程的性质、内容和任务 / 002

三、基本概念 / 003

四、单位及单位换算 / 004

五、学习本课程的主要方法 / 006

第一章　　流体流动 /008

第一节　流体静力学 / 008

　一、流体的密度 / 008

　二、流体静压强 / 010

　三、流体静力学基本方程 / 012

　四、流体静力学基本方程的应用举例 / 014

第二节　流体动力学 / 020

　一、流量与流速 / 020

　二、稳定流动和不稳定流动 / 022

　三、流体稳定流动时的物料衡算——连续性方程 / 022

　四、流体稳定流动时的能量衡算——伯努利方程 / 024

　五、伯努利方程的应用 / 028

第三节　流体在管内的流动阻力 / 031

　一、流体阻力的来源 / 032

　二、流体的黏度 / 032

　三、流体的流动类型 / 033

　四、流体在圆管内流动时的速度分布 / 036

　五、流动阻力的计算 / 037

第四节　流量的测量 / 043

　一、孔板流量计 / 044

目 录

　　二、文丘里流量计　/ 045

　　三、转子流量计　/ 046

第二章　　　　　　　　　　　　　　流体输送　/ 051

第一节　化工管路　/ 051

　　一、管子、管件与阀门　/ 051

　　二、管路的连接　/ 058

　　三、管路的热补偿　/ 059

　　四、管路布置的基本原则　/ 059

第二节　液体输送机械　/ 060

　　一、离心泵　/ 060

　　二、其他类型泵　/ 078

第三节　气体输送与压缩机械　/ 084

　　一、离心通风机、鼓风机与压缩机　/ 084

　　二、往复压缩机　/ 088

　　三、回转式鼓风机与压缩机　/ 092

　　四、真空泵　/ 093

第三章　　　　　　　　　　　　非均相物系的分离　/ 097

第一节　沉降　/ 097

　　一、重力沉降　/ 098

　　二、离心沉降　/ 102

第二节　过滤　/ 105

　　一、过滤操作的基本概念　/ 106

　　二、过滤设备　/ 108

第三节　离心分离　/ 112

　　一、影响离心分离的主要因素　/ 113

　　二、离心机　/ 113

目录

第四节　气体的其他净制设备　/ 116

　　一、袋滤器　/ 116

　　二、文丘里除尘器　/ 117

　　三、泡沫除尘器　/ 117

　　四、电除尘器　/ 118

第四章　传热　/ 120

第一节　概述　/ 120

　　一、传热的基本方式　/ 120

　　二、工业换热方式　/ 121

　　三、载热体及其选用　/ 123

　　四、稳定传热和不稳定传热　/ 124

第二节　热传导　/ 124

　　一、平壁的稳定热传导　/ 124

　　二、圆筒壁的稳定热传导　/ 129

第三节　对流传热　/ 132

　　一、对流传热分析　/ 132

　　二、对流传热速率方程　/ 133

　　三、影响对流传热系数的因素　/ 134

　　四、对流传热系数的经验关联式　/ 134

第四节　传热过程计算　/ 139

　　一、传热基本方程　/ 139

　　二、热负荷的计算　/ 141

　　三、传热温度差的计算　/ 143

　　四、传热系数的测定和计算　/ 149

第五节　管路和设备的热绝缘　/ 153

　　一、保温的目的　/ 153

　　二、保温结构　/ 153

　　三、对保温材料的要求　/ 153

　　四、绝热层的厚度　/ 153

目 录

第六节 换热器 / 154

    一、间壁式换热器 / 155

    二、换热器传热过程的强化途径 / 165

    三、换热器操作注意事项 / 167

第五章 蒸发 / 171

第一节 概述 / 171

    一、基本概念 / 171

    二、蒸发在工业生产中的应用 / 171

    三、蒸发操作的特点 / 172

    四、蒸发操作的分类 / 172

第二节 单效蒸发 / 173

    一、单效蒸发流程 / 173

    二、单效蒸发的计算 / 173

第三节 多效蒸发 / 177

    一、多效蒸发流程 / 178

    二、多效蒸发中效数的限制 / 179

第四节 蒸发设备 / 180

    一、蒸发器 / 180

    二、蒸发器的辅助装置 / 185

    三、提高蒸发器生产强度的途径 / 185

习题参考答案 / 188

附 录 / 191

    一、常用单位的换算 / 191

    二、某些气体的重要物理性质 / 194

目 录

三、某些液体的重要物理性质　/ 195

四、某些固体的重要物理性质　/ 197

五、干空气的物理性质（101.33kPa）　/ 198

六、水的物理性质　/ 199

七、饱和水蒸气表（按温度顺序排）　/ 200

八、饱和水蒸气表（按压强顺序排）　/ 201

九、液体的黏度和密度　/ 203

十、101.33kPa 压强下气体的黏度　/ 207

十一、液体的比热容　/ 209

十二、101.33kPa 压强下气体的比热容　/ 211

十三、汽化热（蒸发潜热）　/ 213

十四、管子规格（摘录）　/ 215

十五、离心泵规格（摘录）　/ 216

十六、离心通风机规格　/ 220

参考文献　/ 222

绪 论

一、化工原理的研究对象

化工原理是学习化学工业生产过程中单元操作的一门工程技术课程。它是当代化学工程学科的一个基础组成部分。

化学工业是将原料大规模进行加工处理，使其不仅在物理性质上发生变化，而且在化学性质上也发生变化生成新物质，而成为所需要产品的工业。这种以化学变化为主要特点的化学工业，其原料广泛、产品种类繁多、生产过程复杂多样且差别很大，形成了数以万计的化学生产工艺。综观各种化工产品的生产过程，不论其生产规模大小，都是由化学反应及其设备——反应器，和若干物理操作有机地组合而成。其中反应器是化工生产的核心，但为了使化学反应过程得以有效地进行，反应器内必须保持适宜的工艺条件，如适宜的温度、压强和物料的组成等。为此，原料必须经过一系列预处理以提纯原料的组成，并达到必要的温度和压强等，这类过程称为前处理。反应后的产物也同样需要经过各种处理过程来分离、精制等，以获得最终成品或中间产品。上述反应前、后处理中所进行的各个过程是物理过程，但却是化工生产中所不可缺少的步骤，这一类在化工生产中具有共同物理变化特点和相同目的的基本操作过程称为**化工单元操作**，简称单元操作。实际上，在一个现代化的、设备林立的大型化工厂中，反应器为数并不多，绝大多数的设备中都是进行着单元操作。也就是说，在现代化学工业生产过程中，单元操作占有着企业的大部分设备费用和操作费用。由此可见，单元操作在化学工业生产过程中的重要地位。

按照物理过程的目的，可将各种前、后处理过程归纳成各类单元操作。常用的化工单元操作如表 0-1 中所列。此外还有固体流态化、搅拌、结晶、膜分离等。

M0-1　化工原理绪论

M0-2　青霉素实训车间全景

表 0-1　常用化工单元操作

单元操作名称	目的
流体输送	以一定流量将流体从一处送到另一处
沉降	从气体或液体中分离悬浮的固体颗粒、液滴或气泡
过滤	从气体或液体中分离悬浮的固体颗粒
加热、冷却	使物料升温、降温或改变相态
蒸发	使溶液中溶剂受热汽化而与不挥发的溶质分离,从而达到溶液浓缩的目的
气体的吸收	用液体吸收剂分离气体混合物
液体的蒸馏	利用均相液体混合物中各组分挥发度不同,而使液体混合物分离
萃取	用液体萃取剂分离均相液体混合物
干燥	加热固体使其所含液体汽化而除去

二、本课程的性质、内容和任务

本课程属于技术基础课。它既不同于自然科学中的基础学科,又区别于具体的化工产品生产工艺学。它是将基础学科中的一些基本原理,用来研究化学工业生产过程中,内在本质规律问题的一门综合性的工程技术课程。它不仅是一门为化学工业生产服务,内容十分广泛的工程技术学科,同时也是涉及物质变化的工业部门,如冶金工业、轻工业、制药工业、原子能工业、能源、环境等工业及技术部门所必需的。因此,它具有十分广泛的实用性。

在中等职业教育中,只讨论一些应用较为广泛的单元操作,具体内容如下。

(1) 讨论流体流动及流体与其相接触的固相发生相对运动时的基本规律,以及主要受这些基本规律支配的单元操作,如流体输送、非均相物系的分离。

(2) 讨论传热的基本规律,以及受这些基本规律支配的单元操作,如传热、蒸发。

(3) 讨论物质透过相界面迁移过程的基本规律,以及受这些基本规律支配的单元操作,如液体的蒸馏、气体的吸收、液-液萃取。

(4) 讨论同时遵循传热、传质规律的单元操作,如干燥、结晶。

学习本课程的主要任务是,掌握各个单元操作的基本规律,熟悉其操作原理及有关典型设备的构造、性能和基本计算方法等,并能用以分析和解决工程技术中的一般问题。以便对现行的化学工业生产过程进行管理,使设备能正常运转,进而对现行的生产过程及设备做各种改进,以提高其效率,从而使生产获得最大限度的经济效益。

三、基本概念

在讨论各个单元操作时，常引用下列四个基本概念。

1. 物料衡算

根据质量守恒定律，在任何一个化工生产过程中，凡向该过程输入的物料质量，必等于从该过程输出的物料质量与积累于该过程中的物料质量之和，即

$$输入的物料质量 = 输出的物料质量 + 积累的物料质量$$

对于操作参数不随时间变化的连续稳定过程，积累的物料质量为零，上式可简化为

$$输入的物料质量 = 输出的物料质量$$

上述关系可对总物料或其中某一组分列出物料衡算式，进行求解。物料衡算对于设备尺寸的设计和生产过程中的计算具有重要意义。

2. 能量衡算

根据能量守恒定律，在任何一个化工生产过程中，凡向该过程输入的能量，必等于从该过程输出的能量与积累于该过程中的能量之和。能量衡算应包括与该过程操作有关的各种形式的能，如热能、机械能、电能、化学能等。但是在许多化工生产过程中所涉及的能量仅为某种能量，所以能量衡算在本课程中，常简化为某种能量的衡算，如热能、机械能的衡算。对于连续稳定过程，积累的能量为零，能量衡算基本关系式可表示为

$$输入的能量 = 输出的能量 + 损失的能量$$

通过能量衡算，可以了解在生产操作中能量的利用和损失情况，在生产过程与设备设计时，利用能量衡算可以确定是否需要从外界引入能量或向外界输出能量的问题。显然，能量损失越少，经济效益越好。

3. 平衡关系

物系在自然发生变化时，其变化必趋向于一定的方向，如任其发展，结果必达到平衡状态为止。例如热量从较热的物体传向较冷的物体时，将一直进行到两个物体的温度相等为止；再如盐在水中溶解时，将一直进行到饱和为止等。**平衡状态**表示的就是各种自然发生的过程可能达到的极限程度，除非影响物系的情况有变化，否则其变化的极限是不会改变的。

一般平衡关系则为各种定律所表明，如亨利定律、拉乌尔定律等。在化工生产中，可以从物系平衡关系来推知过程能否进行以及进行到何种程度。

4. 过程速率

任何一个物系，如果不是处于平衡状态，就必然发生使物系趋向平衡的过程，但过程以如何的速率趋向平衡，这不决定于平衡关系，而是被多方面因素所影响。过程速率就表示了过程进行的快慢。由于对影响各种物系变化速率的因素，有些还不清楚，所以目前过程速率是近似的采用推动力除以阻力来表示，即

$$过程速率 = \frac{过程推动力}{过程阻力}$$

可见，过程速率与过程推动力成正比，与过程阻力成反比。过程推动力是指直接导致过程进行的动力，如传热过程的推动力是冷、热流体间的温度差；传质过程的推动力是浓度差。过程阻力的影响因素很多，是各种因素对过程速率影响的总的体现，较为复杂，具体情况要做具体分析。在化工生产中，为了提高过程的速率以提高设备的生产能力，应设法增加过程的推动力和减少过程的阻力。

四、单位及单位换算

任何物理量的大小都是由数字和单位联合来表达的，两者缺一不可。我国于1984 年颁布《中华人民共和国法定计量单位》，并从 1990 年开始采用《中华人民共和国法定单位制度》（简称法定单位制度），它是在国际单位制的基础上，加上若干个由中国指定的国际单位制以外的单位组成的。现对国际单位制单位、法定计量单位介绍如下。

1. 国际单位制单位

国际单位制（英文缩写 SI）是 1960 年 10 月第十一届国际计量大会通过的一种新的单位制度。在这种单位制中规定了七个基本单位和两个辅助单位，见表 0-2。由这七个基本单位和两个辅助单位构成不同科学技术领域中所需要的全部单位。其用于构成十进倍数和分数单位的词头列于表 0-3 中。SI 制还规定了具有专门名称的导出单位，可以用它们和基本单位一起表示其他的导出单位，现将化工常用国际单位制中具有专门名称的导出单位列于表 0-4 中。

2. 法定计量单位

中国法定计量单位制（简称法定单位）是以国际单位制单位为基础，保留少数国内外习惯或通用的非国际单位制单位。中国法定计量单位包括：①国际单位制的基本单位；②国际单位制的辅助单位；③国际单位制中具有专门名称的导出单位；④国家选定的非国际单位制单位；⑤由以上这些单位构成的组合形式的单

表 0-2　国际单位制的基本单位和辅助单位

类　　别	物理量	单位名称	单位符号
基本单位	长度	米	m
	质量	千克(公斤)	kg
	时间	秒	s
	电流	安[培]	A
	热力学温度	开[尔文]	K
	物质的量	摩[尔]	mol
	发光强度	坎[德拉]	cd
辅助单位	平面角	弧度	rad
	立体角	球面角	sr

注：1. ( ) 内的字为前者同义语。
　　2. [ ] 内的字，是在不致混淆的情况下，可以省略的字。

表 0-3　国际单位制用于构成十进倍数和分数单位的词头

所表示的因数	词头名称	符号	所表示的因数	词头名称	符号
10^{18}	艾[可萨]	E	10^{-1}	分	d
10^{15}	柏[它]	P	10^{-2}	厘	c
10^{12}	太[拉]	T	10^{-3}	毫	m
10^{9}	吉[加]	G	10^{-6}	微	μ
10^{6}	兆	M	10^{-9}	纳[诺]	n
10^{3}	千	k	10^{-12}	皮[可]	p
10^{2}	百	h	10^{-15}	飞[母托]	f
10^{1}	十	da	10^{-18}	阿[托]	a

注：[ ] 内的字，可在不致混淆的情况下省略。

表 0-4　化工常用国际单位制中具有专门名称的导出单位

物　理　量	单位名称	单位符号	用其他导出单位表示	用基本单位表示
频率	赫[兹]	Hz		s^{-1}
力；重力	牛[顿]	N		$m \cdot kg/s^2$
压力，压强；应力	帕[斯卡]	Pa	N/m^2	$kg/(m \cdot s^2)$
能量；功；热	焦[耳]	J	$N \cdot m$	$m^2 \cdot kg/s^2$
功率	瓦[特]	W	J/s	$m^2 \cdot kg/s^3$
摄氏温度	摄氏度	℃		

注：[ ] 内的字，在不混淆的情况下，可以省略。

位；⑥由词头和以上这些单位构成的十进倍数和分数单位。现将国家选定的部分非国际单位列于表 0-5 中。

3. 单位换算

同一物理量若用不同的单位度量时，量本身并无变化，但是在数字上要改变，这种换算称为单位换算。在进行单位换算时要乘以两单位间的换算因数，化工中常用的换算因数列于附录中。

表 0-5　国家选定的部分非国际单位制单位

物理量	单位名称	单位符号	换算关系和说明
时间	分 [小]时 天(日)	min h d	1min＝60s 1h＝60min＝3600s 1d＝24h＝86400s
平面角	[角]秒 [角]分 度	(″) (′) (°)	1″＝(π/648000)rad (π为圆周率) 1′＝60″＝(π/10800)rad 1°＝60′＝(π/180)rad
旋转速度 质量 体积	转每分 吨 升	r/min t L(l)	1r/min＝(1/60)s^{-1} 1t＝10^{3}kg 1L＝1dm^3＝10^{-3}m^3

注：1. [ ] 内的字，在不致混淆的情况下，可以省略。
2. ( ) 内的字为前者的同义语。
3. 角度单位度、分、秒的符号不处于数字后时，要用括弧。
4. r 为 "转" 的符号。
5. 升的符号中，小写字母 l 为备用符号。

例 0-1　1 标准大气压等于 1.033kgf/cm^2，将其换算成 SI 单位。

解　要求用 SI 单位制单位，则需将工程单位制中单位 kgf/cm^2 中 kgf 转换成 N，cm^2 需转换为 m^2。由附录查知 kgf 与 N，cm 与 m 的换算关系为：

$$1\text{kgf}=9.807\text{N}, \quad 1\text{cm}=10^{-2}\text{m}$$

因此，1 标准大气压 $= 1.033 \times 9.807 \times 100^2 \left(\dfrac{\text{kgf} \cdot \text{N} \cdot \text{cm}^2}{\text{cm}^2 \cdot \text{kgf} \cdot \text{m}^2} \right)$

$$= 1.013 \times 10^5 \text{N/m}^2 = 101.3 \text{kN/m}^2 = 101.3 \text{kPa}$$

五、学习本课程的主要方法

本课程是工程性、实践性较强的课程，强调理论联系实际。通过课堂教学，掌握基本理论；通过实践教学，巩固和加深对理论的理解，并得到化工设备操作的基本训练。此外，还需注意以下几点。

1. 树立工程观念

所谓工程观念，就是同时具备四种观念，即：①理论上的正确性；②技术上的可行性；③操作上的安全性；④经济上的合理性。这四种观念中，经济是核心，并且是相互联系、相互促进形成一个有机的统一体，确定工程问题，必须全面考虑。本课程中，常提到"适宜"的概念，如适宜流速（经济流速）等。这种适宜条件就是基于工程观念而提出的。

2. 理解和掌握基本理论

要理解各章的基本概念、基本理论和基本公式，这是学习好本课程的基础。在这个基础上联系实际，逐步深入，才能灵活应用，并正确操作设备。

3. 熟悉工程计算方法，培养基本计算能力

① 正确应用和掌握工程图表、手册的使用方法；

② 计算结果要准确无误，并能分析计算结果的合理性；

③ 要注意公式的应用条件和适用范围；

④ 对公式中各物理量要理解，并注意其单位。

思考题

0-1　什么叫做单元操作？

0-2　学习单元操作对化工生产有何意义，举例说明。

0-3　物料衡算和热量衡算的依据是什么？

习　题

0-1　$7kgf/m^2$ 等于多少牛每平方米？多少帕？

0-2　$5kgf·m/s$ 等于多少牛米每秒？多少焦每秒？多少千瓦？

0-3　将 $1kcal/h$ 换算为功率（W）。

0-4　$4L/s$ 等于多少升每分？多少立方米每秒？多少立方米每小时？

第一章

流体流动

流体是指具有流动性的物体,包括液体和气体。在化学工业生产过程中所处理的物料,包括原料、半成品和成品等,大多都是流体。按照生产工艺的要求,制造产品时往往把它们依次输送到各设备内,进行化学反应或物理变化;制成的产品又常需要输送到贮罐内贮存。上述过程进行的好坏、操作费用及设备的投资都与流体的流动状态有密切的关系。

第一节 流体静力学

流体静止是流体流动的一种特殊形式,流体静力学主要研究静止流体内部压强变化的规律。下面先介绍流体的一些主要物理性质。

一、流体的密度

1. 密度

单位体积流体所具有的质量,称为流体密度,以 ρ 表示,单位为 kg/m^3。若以 m 代表体积为 V 的流体的质量,则

$$\rho = \frac{m}{V} \tag{1-1}$$

2. 比体积

单位质量流体所具有的体积,称为流体的比体积,也称为比容,用 ν 表示,单位为 m^3/kg。显然,它与密度互为倒数,即

$$\nu = \frac{V}{m} = \frac{1}{\rho} \tag{1-2}$$

3. 相对密度

一定温度下,某液体的密度 ρ 与 4℃(277K)时纯水的密度 $\rho_\text{水}$ 的比值称为

该液体的相对密度，以 d_{277}^T 表示，无单位。即

$$d_{277}^T = \frac{\rho}{\rho_{水}} \tag{1-3}$$

因为水在4℃时的密度为 1000kg/m³，所以由式(1-3) 知 $\rho = 1000 d_{277}^T$，即将相对密度乘以1000即得该液体的密度 ρ，单位是 kg/m³。

4. 密度的求取

(1) 查手册　流体的密度一般可在有关手册中查得。

任何流体的密度，都随它的温度和压强而变化。但压强对液体的密度影响很小，可忽略不计，故常称液体为不可压缩的流体。温度对液体的密度有一定的影响，如纯水的密度在4℃时为 1000kg/m³，而在20℃时则为 998.2kg/m³。因此，在查取液体密度数据时，要注意该液体的温度。

气体具有可压缩性及热膨胀性，其密度随压强和温度的不同有较大的变化，因此在查取气体的密度时必须注意温度和压强。

(2) 计算法　当查不到某一流体的密度时，可用公式进行计算。

① 气体的密度　在一般的温度和压强下，气体密度可近似用理想气体状态方程式计算，即

$$\rho = \frac{pM}{RT} \tag{1-4}$$

或

$$\rho = \frac{M}{22.4} \times \frac{T_0 p}{T p_0} \tag{1-5}$$

式中　p——气体的压强，kPa；

　　　T——气体的温度，K；

　　　M——气体的摩尔质量，kg/kmol；

　　　R——气体常数，8.314kJ/(kmol·K)。

下标"0"表示标准状态。

手册中列出的通常为纯物质的密度。而在化工生产中所遇到的流体，往往是含有几个组分的混合物，流体混合物的平均密度 ρ_m 可通过纯组分的密度进行计算。

② 液体混合物　对于液体混合物，组分的浓度常用质量分数 w 表示。现以1kg混合液体为基准，设各组分在混合前后其体积不变，则1kg混合液体的体积应等于各组分单独存在时的体积之和，即

$$\frac{1}{\rho_m} = \frac{w_1}{\rho_1} + \frac{w_2}{\rho_2} + \cdots + \frac{w_n}{\rho_n} \tag{1-6}$$

式中　$\rho_1, \rho_2, \cdots, \rho_n$——液体混合物中各纯组分液体的密度，$kg/m^3$；

　　　$w_1, w_2, \cdots, w_n$——液体混合物中各组分液体的质量分数。

③ 气体混合物　对于气体混合物，各组分的浓度常用体积分数 φ（等于摩尔分数 y）来表示。现以 $1m^3$ 混合气体为基准，若各组分在混合前后的质量不变，则 $1m^3$ 混合气体的质量等于各组分的质量之和，即

$$\rho_m = \rho_1\varphi_1 + \rho_2\varphi_2 + \cdots + \rho_n\varphi_n \tag{1-7}$$

式中　$\rho_1, \rho_2, \cdots, \rho_n$——气体混合物中各纯组分气体的密度，$kg/m^3$；

　　　$\varphi_1, \varphi_2, \cdots, \varphi_n$——气体混合物中各组分气体的体积分数。

气体混合物的平均密度 ρ_m 也可按式(1-4)计算，此时应以气体混合物的平均摩尔质量 M_m 代替式中气体摩尔质量 M。气体混合物的平均摩尔质量 M_m 可按下式求算，即

$$M_m = M_1 y_1 + M_2 y_2 + \cdots + M_n y_n \tag{1-8}$$

式中　$M_1, M_2, \cdots, M_n$——气体混合物中各纯组分的摩尔质量，$kg/kmol$；

　　　$y_1, y_2, \cdots, y_n$——气体混合物中各组分的摩尔分数。

二、流体静压强

1. 流体静压强

流体垂直作用于单位面积上的力称为流体的静压强，简称为压强或压力，以符号 p 表示。若以 $F(N)$ 表示流体垂直作用在面积 $A(m^2)$ 上的力，则

$$p = \frac{F}{A} \tag{1-9}$$

按压强的定义，压强的单位是 N/m^2，也称为帕斯卡（Pa）。

化工生产中经常用到帕的倍数单位，如：MPa(兆帕)、kPa(千帕)、mPa(毫帕)，它们的换算关系为

$$1MPa = 10^3 kPa = 10^6 Pa = 10^9 mPa$$

工程上压强的大小也常以流体柱高度表示，如米水柱（mH$_2$O）和毫米汞柱（mmHg）等。若流体的密度为 ρ，则液柱高度 h 与压强 p 的关系为

$$p = h\rho g$$

或

$$h = \frac{p}{\rho g}$$

式中，g 为重力加速度。

用液柱高度表示压强时，必须注明流体的名称，如 $10mH_2O$、$760mmHg$ 等。

流体静压强的单位，除采用法定计量单位制中规定的压强单位 Pa 外，有时

还采用历史上沿用的 atm(标准大气压)、at(工程大气压)、kgf/cm² 等压强单位，它们之间的换算关系为：

$$1atm = 1.033 kgf/cm^2 = 760 mmHg = 10.33 mH_2O = 1.0133 \times 10^5 Pa$$

$$1at = 1kgf/cm^2 = 735.6 mmHg = 10 mH_2O = 9.807 \times 10^4 Pa$$

2. 绝对压强、表压强和真空度

流体静压强的大小除了用不同的单位计量以外，还可以用不同的基准来表示：一是绝对真空；另一是大气压强。以绝对真空为基准测得的压强称为绝对压强，简称绝压，它是流体的真实压强。以大气压强为基准测得的压强称为表压强或真空度。

流体静压强可用测压仪表来测量，当被测流体的绝对压强大于外界大气压强时，所用的测压仪表称为压强表。压强表上的读数表示被测流体的绝对压强比大气压强高出的数值，称为表压强。因此

绝对压强＝大气压强＋表压强

或 表压强＝绝对压强－大气压强

当被测流体的绝对压强小于外界大气压强时，所用的测压仪表称为真空表。真空表上的读数表示被测流体的绝对压强低于大气压强的数值，称为真空度。因此

绝对压强＝大气压强－真空度

或 真空度＝大气压强－绝对压强

显然，设备内流体的绝对压强愈低，则它的真空度就愈高，真空度的最大值等于大气压。

绝对压强、表压强与真空度之间的关系，可以用图 1-1 表示。

应当指出，大气压强不是固定不变的，它随大气的温度、湿度和所在地区的海拔高度而变化，计算时应以当时当地气压计上的读数为准。另外为了避免绝对压强、表压强和真空度三者相互混淆，在以后的讨论中规定，对表压强和真空度均加以标注，如 200kPa（表压）、53kPa（真空度）等。

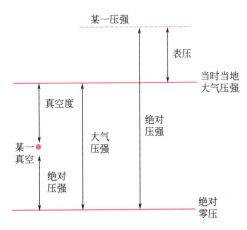

图 1-1　绝对压强、表压强和真空度的关系

例 1-1 某精馏塔塔顶操作压强须保持 5332Pa 绝对压强。试求塔顶真空计应控制在多少毫米汞柱？若（1）当时当地气压计读数为 756mmHg；（2）当时当地气压计读数为 102.6kPa。

解 真空度＝大气压强－绝对压强　　查附录一 1mmHg＝133.3Pa

(1) $756 - \dfrac{5332}{133.3} = 716 \text{mmHg}$（真空度）

(2) $102.6 \times \dfrac{1000}{133.3} - \dfrac{5332}{133.3} = 730 \text{mmHg}$（真空度）

例 1-2 设备外环境大气压强为 640mmHg，而以真空表测知设备内真空度为 500mmHg。问设备内绝对压强是多少？

解 绝对压强＝大气压强－真空度

$$= 640 - 500$$
$$= 140 \text{mmHg} = 140 \times 133.3 \text{Pa}$$
$$= 1.86 \times 10^4 \text{Pa} = 18.6 \text{kPa}$$

例 1-3 如果设备内蒸汽压强为 6kgf/cm²，那么压强表上读数为若干兆帕？已知环境大气压强为 1kgf/cm²。

解 表压强＝绝对压强－大气压强

$$= 6 - 1 = 5 \text{kgf/cm}^2$$
$$= 5 \times 9.807 \times 10^4 \text{Pa}$$
$$= 4.9 \times 10^5 \text{Pa} = 0.49 \text{MPa}$$

三、流体静力学基本方程

1. 流体静力学基本方程的推导

如图 1-2 所示，敞口容器内盛有密度为 ρ 的静止流体，液面上方受外压强 p_0 的作用（当容器敞口时，p_0 即为外界大气压强）。取任意一个垂直流体液柱，上下底面积均为 $A(\text{m}^2)$。任意选取一个水平面作为基准水平面，今选用容器底面积为基本水平面。并设液柱上、下底与基准面的垂直距离分别为 Z_1 和

Z_2(m)。作用在上、下端面上并指向此两端面的压强分别为 p_1 和 p_2。在重力场中，该液柱在垂直方向上受到的作用力有：

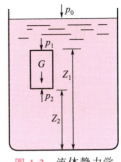

图 1-2　流体静力学基本方程的推导

（1）作用在液柱上端面上的总压力 P_1

$$P_1 = p_1 A \qquad （方向向下）$$

（2）作用在液柱下端面上的总压力 P_2

$$P_2 = p_2 A \qquad （方向向上）$$

（3）作用于整个液柱的重力 G

$$G = \rho g A(Z_1 - Z_2) \qquad （方向向下）$$

由于液柱处于静止状态，在垂直方向上的三个作用力的合力为零，即

$$p_1 A + \rho g A(Z_1 - Z_2) - p_2 A = 0$$

整理上式得

$$p_2 = p_1 + h\rho g \tag{1-10}$$

式中，$h = Z_1 - Z_2$，为液柱高度，m。

若将液柱上端面取在液面上，并设液面上方的压强为 p_0，液柱高度为 h，则式(1-10) 可改写为

$$p = p_0 + h\rho g \tag{1-11}$$

式(1-10) 和式(1-11) 均称为流体静力学基本方程式，它表明了静止流体内部压强变化的规律。

2. 流体静力学基本方程的讨论

（1）在静止的液体中，液体任一点的压强与液体的密度和深度有关。液体密度越大，深度越大，则该点的压强越大。

（2）在静止的、连续的同一种液体内，处于同一水平面上各点的压强均相等。此压强相等的面称为等压面。

（3）当液面上方的压强 p_0 或液体内部任一点的压强 p_1 有变化时，液体内部各点的压强也发生同样大小的变化。

静力学基本方程式是以液体为例推导出来的，也适用于气体。但由于气体的密度很小，气体柱所产生的压强可忽略，故近似地认为静止气体内部各点的压强相等。值得注意的是，静力学基本方程式只能用于静止的连通着的同一种流体内部，因为它们是根据静止的同一种连续的液柱导出的。

例 1-4 附图所示的开口容器内盛有油和水。油层高度 $h_1=0.7\text{m}$、密度 $\rho_1=800\text{kg/m}^3$,水层高度(指油水分界面与小孔的距离)$h_2=0.6\text{m}$、密度 $\rho_2=1000\text{kg/m}^3$。(1) 判断下列两关系是否成立,即 $p_A=p_{A'}$、$p_B=p_{B'}$;(2) 计算水在玻璃管内的高度 h (例 1-4 附图)。

解 (1) 判断下列两关系是否成立 因为 A 及 A' 两点在静止的连通着的同一流体内,并在同一水平线上,所以 $p_A=p_{A'}$ 关系可以成立。因为 B 和 B' 两点虽在静止流体的同一水平面上,但不是连通的同一流体,所以 $p_B=p_{B'}$ 的关系不能成立。

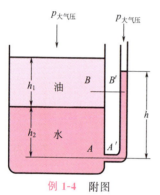

例 1-4 附图

(2) 计算玻璃管内水的高度 h 由上面讨论知 $p_A=p_{A'}$,而 p_A 与 $p_{A'}$ 都可以用流体静力学方程计算,即

$$p_A = p_{大气压} + \rho_1 g h_1 + \rho_2 g h_2$$
$$p_{A'} = p_{大气压} + \rho_2 g h$$

于是 $p_{大气压} + \rho_1 g h_1 + \rho_2 g h_2 = p_{大气压} + \rho_2 g h$

简化上式并将已知值代入,得

$$800 \times 0.7 + 1000 \times 0.6 = 1000h$$

解得 $h = 1.16\text{m}$

四、流体静力学基本方程的应用举例

1. 流体静压强的测量

流体静压强不仅可以用流体静力学基本方程来计算,而且还可以用各种仪表直接测定。这里主要介绍以流体静力学基本方程为依据的液柱式测压计。

U 形管压差计是液柱式测压计中最普通的一种,其结构如图 1-3 所示。它是一个两端开口的垂直 U 形玻璃管,中间配有读数标尺,管内装有液体作为指示液。指示液要与被测流体不互溶,不起化学作用,而且其密度要大于被测流体的密度。通常采用的指示液有:着色水、油、四氯化碳及水银等。

在图 1-3 中,U 形管内指示液上面和大气相通,即作用在两支管内指示液液面的压强是相等的,此时由于 U 形管下面是连通的,所以,两支管内指示液液面在同一水平面上。如果将两支管分别与管路中两个测压口相连接,则由于两截面的压强 p_1 和 p_2 不相等,且 $p_1 > p_2$,必使左支管内指示液液面下降,而右支管内的指示液液面上升,直至在标尺上显示出读数 R 时才停止,如图 1-4 所示。由读数 R 便可求得管路两截面间的压强差。

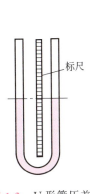

图 1-3 U 形管压差计

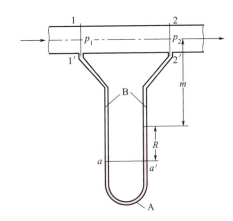

图 1-4 测量压强差

设在图 1-4 中所示的 U 形管底部装有指示液 A,其密度为 ρ_A,而在 U 形管两臂上部及连接管内均充满待测流体 B,其密度为 ρ_B。图中 a、a' 两点都在连通着的同一种静止流体内并且在同一水平面上,所以这两点的静压强相等,即 $p_a = p_{a'}$。依流体静力学基本方程式可得

$$p_a = p_1 + \rho_B g(m+R)$$

$$p_{a'} = p_2 + \rho_B g m + \rho_A g R$$

于是

$$p_1 + \rho_B g(m+R) = p_2 + \rho_B g m + \rho_A g R$$

上式简化后即得由读数 R 计算压强差 $p_1 - p_2$ 的公式为

$$p_1 - p_2 = (\rho_A - \rho_B) g R \tag{1-12}$$

若被测流体是气体,气体的密度要比液体的密度小得多,即 $\rho_A - \rho_B \approx \rho_A$ 于是,上式可简化为

$$p_1 - p_2 \approx \rho_A g R \tag{1-12a}$$

U 形管压差计也可用来测量流体的表压强。若 U 形管的一端通大气,另一端与设备或管路某一截面连接被测量的流体,如图 1-5 所示,则 $(\rho_A - \rho_B) g R$ 或 $\rho_A g R$ 即反映设备或管路某一截面处流体的绝对压强与大气压强之差为流体的表压强。

如将 U 形管压差计的一端通大气,另一端与负压部分接通,如图 1-6 所示,则可测得流体的真空度。

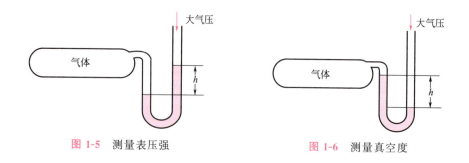

图 1-5 测量表压强　　　　　　　　图 1-6 测量真空度

例 1-5　水在 20℃时流经某管路，在导管两端相距 10m 处装有两个测压孔，如在 U 形管压差计上水银柱读数为 3cm，试求水通过这一段管路时的压强差（图例 1-5）。

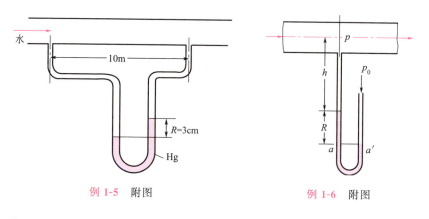

例 1-5 附图　　　　　　　　　　例 1-6 附图

 解　依式(1-12) 得

$$p_1 - p_2 = (\rho_{Hg} - \rho_{H_2O})gR$$

式中　$\rho_{Hg} = 13600 \text{kg/m}^3$　　$\rho_{H_2O} = 998.2 \text{kg/m}^3$　　$R = 3\text{cm} = 0.03\text{m}$

所以　$\Delta p = (13600 - 998.2) \times 9.81 \times 0.03 = 3.7 \times 10^3 \text{N/m}^2 = 3.7 \text{kPa}$

例 1-6　水在例 1-6 附图所示的管路内流动，在管路某截面处连接一 U 形管压差计，指示液为水银，读数 $R = 200\text{mm}$，$h = 1000\text{mm}$。当地大气压强 p_0 为 760mmHg，试求水在该截面处的压强和真空度。

若换以空气在管内流动，而其他条件不变，求空气在该截面处的压强和真空度。

可取水的密度 $\rho_{H_2O} = 1000 \text{kg/m}^3$，水银的密度 $\rho_{Hg} = 1360 \text{kg/m}^3$。

解 (1) 如图所示,取水平面 $a-a'$,依流体静力学基本原理知:

$$p_a = p_{a'} = p_0$$

又由静力学基本方程式可得

$$p_{a'} = p + \rho_{H_2O}gh + \rho_{Hg}gR$$

于是

$$p = p_{a'} - \rho_{H_2O}gh - \rho_{Hg}gR$$

式中

$$p_{a'} = 760 \text{mmHg} = 1.013 \times 10^5 \text{Pa}$$

$$\rho_{H_2O} = 1000 \text{kg/m}^3$$

$$\rho_{Hg} = 13600 \text{kg/m}^3$$

$$h = 1\text{m}, \quad R = 0.2\text{m}$$

所以 $p = 1.013 \times 10^5 - 1000 \times 9.81 \times 1 - 13600 \times 9.81 \times 0.2 = 6.48 \times 10^4 \text{Pa}$

故该截面水的真空度为

$$1.013 \times 10^5 - 6.48 \times 10^4 = 3.65 \times 10^4 \text{Pa}(真空)$$

(2) 空气在管内流动时

依上法 $\quad p = p_{a'} - \rho_{空气}gh - \rho_{Hg}gR$

但由于 $\rho_{空气} \ll \rho_{Hg}$,上式可简化为

$$p \approx p_{a'} - \rho_{Hg}gR$$

$$\approx 1.013 \times 10^5 - 13600 \times 9.81 \times 0.2 = 7.46 \times 10^4 \text{Pa}$$

故该截面上空气的真空度为

$$1.013 \times 10^5 - 7.46 \times 10^4 = 2.67 \times 10^4 \text{Pa}(真空)$$

2. 液位的测量

在化工生产中为了了解各种贮槽、计量槽等容器内物料贮存量,或需要控制设备内的液面,都要使用液面计进行液位的测量。许多液面计的作用原理也是以流体静力学基本方程为依据的。

如图 1-7 所示,用一根玻璃管与贮槽上下相连通,玻璃管内液面的高度便反映贮槽内的液面高度。因为按液体静力学基本方程,相连通的同一种流体在同一水平面上的 1 点和 2 点的静压强相等,即

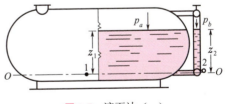

图 1-7 液面计(一)

$$p_1 = p_2$$

而 $\quad p_1 = p_a + \rho g z_1 \quad p_2 = p_b + \rho g z_2$

于是 $\quad p_a + \rho g z_1 = p_b + \rho g z_2$

由于贮槽上部与液面计相连通,且贮槽与大气相连通,故

$$p_a = p_b = p_{大气压}$$

所以
$$z_1 = z_2$$

在测量密闭设备内的液面时,如其内部压强很高,则液面计也可装成如图1-8所示。生产上常采用这种装置。

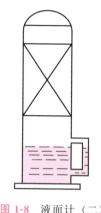

图1-8 液面计(二)

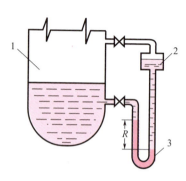

图1-9 U形管压差计测量液面
1—容器;2—平衡器的小室;3—U管压差计

下面介绍两种利用液柱压差计测量液位的方法。如图1-9所示为用U形管压差计测量液面的示意图。在容器或设备1的外边设一叫平衡器的小室2,里面装的液体与容器里的液体相同,平衡器里液面的高度维持在容器液面允许到达的最大高度处。用一个装有指示液的U形管压差计3把容器与平衡器连通起来,由压差计上的读数R便可换算出容器里的液面高度。容器里的液面达到最大高度时,压差计上的读数为零;液面越低,压差计上的读数越大。

若容器的位置很低或离操作室较远,要测量其液位可采用例1-7附图所示的装置。

例1-7 现有一远距离测量有机液体贮罐内液位的装置,如图例1-7所示。自管口通入压缩氮气,用调节阀1调节其流量。管内氮气的流速控制得很小,只要在鼓泡观察器2内看出有气泡缓慢逸出即可。因此,气体通过吹气管4的流动阻力可以忽略不计。管内某截面上的压强用U形管压差计3来测量。压差计读数R的大小,即反映贮罐5内液面的高度。

现已知U形压差计指示液为水银,其读数$R=100\,\text{mm}$。罐内有机液体密度$\rho=1250\,\text{kg/m}^3$,贮罐上方与大气相通,试求贮罐中液面离吹气管出口距离h为多少。

解 由于吹气管内氮气的流速很小，且管内不能存有液体，故可认为管子出口 a 处与 U 形管压差计 b 处的压强近似相等，即 $p_a \approx p_b$。若 p_a 与 p_b 均以表压表示，根据流体静力学基本方程式得

$$p_a = \rho g h$$
$$p_b = \rho_{Hg} g R$$

所以 $h = \dfrac{\rho_{Hg} R}{\rho} = \dfrac{13600 \times 0.1}{1250}$

$= 1.09 \text{m}$

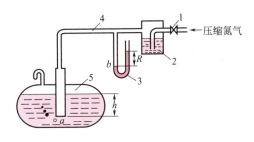

例 1-7 附图
1—调节阀；2—鼓泡观察器；3—U 形管压差计；4—吹气管；5—贮罐

3. 液封高度的计算

在化工生产中为了保证安全正常生产，经常要用液柱产生的压强把气体封闭在设备中，以防止气体泄漏、倒流或有毒气体逸出而污染环境；有时则是为防止压强过高而起泄压作用，以保护设备等。通常使用的液体是水，因此常称**水封**或**安全水封**。

 例 1-8 如本题附图所示，为了控制乙炔发生器内的压强不超过 80mmHg（表压），在器外装有安全水封装置，其作用是当器内压强超过规定值时，气体从水封管排出，试求此器的安全水封管应插入槽内水面以下的深度。

解 安全操作时，器内的最高表压强为 80mmHg。此时水封管内充满气体，水封槽水面的高度保持 h(m)。而当器内压强超过规定值时，气体将由水封管排出。所以应按器内允许的最高压强计算水封管插入槽内水面的深度。

过液封管口作基准水平面 $O—O'$，在其上取 1、2 两点。

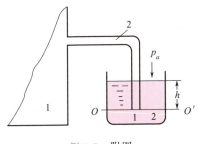

例 1-8 附图
1—乙炔发生炉；2—液封管

其中器内压强

$$p_1 = p_a + \frac{80}{760} \times 1.013 \times 10^5$$

$$p_2 = p_a + \rho g h$$

因 $p_1 = p_2$

故 $\dfrac{80}{760} \times 1.013 \times 10^5 = 1000 \times 9.81 \times h$

解得 $h = 1.09 \text{m}$

为了安全起见，实际安装时管子插入深度应略小于 1.09m。

第二节　流体动力学

在化工生产中，许多单元操作都是在流体流动的情况下进行的，流体动力学就是研究流体流动的基本规律，以及如何应用这些规律去解决生产中的实际问题。

一、流量与流速

1. 流量

单位时间内流经管路任一截面的流体量，称为流量。若流量用体积来计量，则称为体积流量，以 q_v 表示，其单位为 m^3/s。若流量用质量来计量，则称为质量流量，以 q_m 表示，其单位为 kg/s。体积流量和质量流量的关系为

$$q_m = q_v \rho \tag{1-13}$$

2. 流速

单位时间内流体在流动方向上所流过的距离，称为流速，以 u 表示，其单位为 m/s。实验表明，流体流经管道任一截面上各点的流速是不同的，管道中心处流速最大，越靠近管壁流速越小，在管壁处流速为零。流体在管道截面上的速度分布较为复杂，在工程计算中为方便起见，流体的流速通常是指整个管截面上各点速度的平均值，一般以流体的体积流量除以管路的截面积所得的值来表示。此种速度称为平均流速，简称流速。其表达式为

$$u = \frac{q_v}{A} = \frac{q_m}{\rho A} \tag{1-14}$$

式中　A——与流体流动方向相垂直的管道截面积，m^2。

由于气体的体积流量随温度和压强而变化，显然气体的流速亦随之而变。因此，对气体的计算采用质量流速就较为方便。质量流速的定义是单位时间内流体流过管道单位截面积的质量，用 G 表示，单位为 $kg/(m^2 \cdot s)$，其表达式为

$$G = \frac{q_m}{A} = \frac{q_v \rho}{A} = u\rho \tag{1-15}$$

3. 流量方程式

式(1-15)可改写为

$$q_v = uA \tag{1-16}$$

或
$$q_m = q_v \rho = uA\rho \tag{1-17}$$

式(1-16)、式(1-17)称为**流量方程式**。它表明了流量、流速和管路截面三者之间的关系。根据流量方程式可以计算流体在管路中的流量、流速和管路的直径。

4. 管路直径的估算

一般管路的截面为圆形，若以 d 表示管路的内径，则管路截面积 $A = \dfrac{\pi}{4}d^2$，代入流量方程式，得

$$d = \sqrt{\frac{4q_v}{\pi u}} = \sqrt{\frac{4q_m}{\pi u \rho}} \tag{1-18}$$

由上式可知，当流量一定时要确定管径，必须选定流速。流速越大，则管径越小，可以节省设备费用，但流体流动时的阻力增大，会消耗更多的动力，增加了日常操作费用。反之，流速越小，则管径越大，可以减少日常操作费用，但增加了设备费用。所以流速不宜过大或过小。最适宜的流速应使设备费用和操作费用之和为最小。适宜的流速可从手册中查取，表1-1列出了某些流体在管路中的适宜流速范围，可供参考。

表 1-1　某些流体在管路中的适宜流速范围

流体种类及状况	流速范围/(m/s)	流体种类及状况	流速范围/(m/s)
水及一般液体	1～3	易燃、易爆的低压气体(如乙炔等)	<8
黏度较大的液体	0.5～1	饱和水蒸气：0.8MPa 以下	40～60
低压气体	8～15	0.3MPa 以下	20～40
压强较高的气体	15～25	过热水蒸气	30～50

由于管径已标准化，所以应将计算得到的管径再圆整到标准规格。

例 1-9　某水管的流量为 45m³/h，试选择该管路普通级水管型号。

　由

$$d = \sqrt{\frac{4q_v}{\pi u}}$$

已知 $q_v = \dfrac{45}{3600} \mathrm{m^3/s}$，选适宜流速 $u = 1.5 \mathrm{m/s}$，代入上式得

$$d = \sqrt{\dfrac{4q_v}{\pi u}} = \sqrt{\dfrac{4 \times 45}{3600 \times \pi \times 1.5}} = 0.103 \mathrm{m} = 103 \mathrm{mm}$$

参阅本书附录，管子规格中没有内径正好为 103mm 的，所以选用 $DN100\mathrm{mm}$ 的水管，其外径为 114.3mm，壁厚为 4mm，内径为 $114.3 - 2 \times 4 = 106.3\mathrm{mm}$。

本例的实际流速为

$$u = 1.5 \times (103/106.3)^2 = 1.41 \mathrm{m/s}$$

二、稳定流动和不稳定流动

流体在流动系统中，若任一截面上流体的流速、压强、密度等与流动有关的物理量，仅随位置改变而不随时间变化，这种流动称为稳定流动；若流体在流动时，任一截面上的流速以及其他和流动有关的物理量中，只要有一项不仅随位置而变，又随时间而变的流动称为不稳定流动。

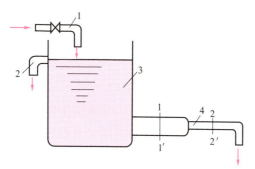

图 1-10　流动情况示意图
1—进水管；2—溢流管；3—水箱；4—排水管

如图 1-10 所示水箱 3 上部不断地有水从进水管 1 注入，而从下部排水管 4 不断排出。在单位时间内，进水量总是大于排水量，多余的水由水箱上方溢流管 2 溢出，以维持箱内水位恒定不变。若在流动系统中任意取两个截面 1—1′ 及 2—2′，经测定可知，两截面上的流速和压强虽不相等，但每一截面上的流速和压强并不随时间而变化，这种流动属于稳定流动。若将图中进水管的阀门关闭，箱内的水仍由排水管不断排出，由于箱内无水补充，则水位逐渐下降，各截面上水的流速与压强也随之而降低，此时各截面上的流速与压强不但随位置而变，还随时间而变，这种流动则属于不稳定流动。

化工生产中正常连续生产时，均属于稳定流动。不稳定流动仅在某些设备的开始运转或停止运转时发生。本章只讨论稳定流动。

三、流体稳定流动时的物料衡算——连续性方程

如图 1-11 所示的稳定流动系统，流体连续不断地从 1—1′ 截面流入，从

2—2′截面流出，在两截面间既不向管中添加流体，也不发生漏损，且流体全部充满管道。根据质量守恒定律，流体从 1—1′截面进入的质量流量 q_{m1} 必然等于从 2—2′截面流出的质量流量 q_{m2}，则物料衡算式为

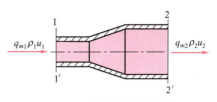

图 1-11 流体流动的连续性

$$q_{m1} = q_{m2}$$

因为 $q_m = uA\rho$，故上式可写成

$$q_m = u_1 A_1 \rho_1 = u_2 A_2 \rho_2 = 常数 \tag{1-19}$$

若流体为不可压缩的流体，即 $\rho = 常数$，则式(1-19)可改写为

$$q_v = u_1 A_1 = u_2 A_2 = 常数 \tag{1-19a}$$

式(1-19a)说明不可压缩流体不仅流经各截面的质量流量相等，它们的体积流量也相等。同时也表明不可压缩流体的流速与管道截面积成反比。

式(1-19)、式(1-19a)均称为**流体稳定流动的连续性方程**。它反映了在稳定流动系统中，流量一定时，管路各截面上流速的变化规律，而此规律与管路的安排以及管路上是否装有管件、阀门或输送设备等无关。

对于圆形管道，$A = \dfrac{\pi}{4} d^2$，式(1-19a)可改写为

$$\frac{u_1}{u_2} = \left(\frac{d_2}{d_1}\right)^2 \tag{1-19b}$$

上式表明体积流量一定时，流速与管径的平方成反比。这种关系虽简单，但对分析流体流动问题是很有用的。

例 1-10 在稳定流动系统中，水连续地从粗圆管流入细圆管，粗管内径为细管内径的两倍，求细管内水的流速是粗管内的多少倍。

解 用下标 1 及 2 分别表示粗管和细管。依式(1-19b)

$$\frac{u_2}{u_1} = \left(\frac{d_1}{d_2}\right)^2$$

因为

$$d_1 = 2d_2$$

所以

$$\frac{u_2}{u_1} = \left(\frac{2d_2}{d_2}\right)^2 = 4$$

例 1-11 某输水管路由一段内径为 100mm 的圆管与一段内径为 80mm 的圆管连接而成。若水以 60m³/h 的体积流量流过该管路时，试求此两段管路内水的流速。

解 通过内径为 100mm 管的流速为

$$u_1 = \frac{q_v}{A_1} = \frac{\frac{60}{3600}}{\frac{\pi}{4} \times 0.1^2} = 2.12 \text{m/s}$$

利用式(1-19b)，可得通过内径为 80mm 管的流速为

$$u_2 = u_1 \left(\frac{d_1}{d_2}\right)^2 = 2.12 \times \left(\frac{0.1}{0.08}\right)^2 = 3.31 \text{m/s}$$

四、流体稳定流动时的能量衡算——伯努利方程

当流体作稳定流动时，根据能量守恒定律，对任一段管路内流体作能量衡算，即可得到表示流动流体的能量关系和流动规律的伯努利方程。流体流动时的能量形式主要为机械能。

1. 流体流动时所具有的机械能

(1) **位能** 因流体质量中心距某一基准水平面有一定高度而使流体具有的能量称为位能。显然位能是一个相对值，在基准水平面以上的位能为正值，以下的为负值，因此在计算时应先规定一个基准水平面。质量为 m(kg) 的流体距基准水平面的高度为 z(m) 时，流体的位能为

$$m(\text{kg})\text{流体的位能} = mgz \quad \text{J}$$

衡算时常以 1kg 或 1N 流体为基准，则

1kg 流体的位能 $= gz$ J/kg

1N 流体的位能 $= z$ J/N 或 m，称为位压头

习惯上将 1N 流体所具有的能量称为**压头**，单位为 m，m 虽然是一个长度单位，但在这里反映了如下的物理意义，即表示单位重量流体所具有的机械能，可以把它自身从基准水平面升举的高度。

(2) **动能** 因流体有一定速度而使流体具有的能量称为动能。质量为 m(kg) 的流体，其速度为 u(m/s) 时，流体的动能为

$$m(\text{kg})\text{流体的动能} = \frac{mu^2}{2} \quad \text{J}$$

$$1\text{kg 流体的动能} = \frac{u^2}{2} \quad \text{J/kg}$$

$$1\text{N 流体的动能} = \frac{u^2}{2g} \quad \text{J/N 或 m,称为动压头}$$

(3) **静压能** 因流体内部有一定静压强而使流体具有的能量称为静压能。在静止流体内部任一处都有静压强。同样在流动着的流体内部任一处也都有一定的静压强。如液体充满整个管内流动时,若在管壁上开一小孔接一根垂直的玻璃管,液体就会在玻璃管内升起一定的高度,这一流体柱高度即是管内该截面处静压强大小的表现,如图 1-12 所

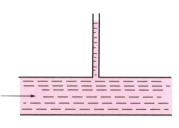

图 1-12 流动液体静压能存在示意

示。质量为 $m(\text{kg})$ 密度为 $\rho(\text{kg/m}^3)$ 的流体,其压强为 $p(\text{Pa})$ 时,流体的静压能为

$$m(\text{kg}) \text{流体的静压能} = \frac{mp}{\rho} \quad \text{J}$$

$$1\text{kg 流体的静压能} = \frac{p}{\rho} \quad \text{J/kg}$$

$$1\text{N 流体的静压能} = \frac{p}{\rho g} \quad \text{J/N 或 m,称为静压头}$$

位能、动能及静压能三种能量均为流体在截面处所具有的机械能,三者之和称为某截面上流体的总机械能。

2. 外加能量

在一个流动系统中,有时还有流体输送机械(如泵)向流体做功,1kg 流体从流体输送机械获得的能量称为**外加功**,用 W_e 表示,其单位为 J/kg;1N 流体从流体输送机械获得的能量称为**外加压头**,用 H_e 表示,其单位为 m。则 $H_e = W_e/g$。

3. 损失能量

流体在流动过程中,要克服各种阻力而消耗掉一部分机械能,这部分能量称为损失能量。1kg 流体在流动过程中损失的能量用符号 $\sum h_f$ 表示,单位为 J/kg;1N 流体在流动过程中损失的能量称为压头损失,用符号 H_f 表示,单位为 m。则 $H_f = \sum h_f/g$。

4. 流体稳定流动时的能量衡算——伯努利方程

如图 1-13 所示的稳定流动系统,在 1—1′ 与 2—2′ 截面间进行能量衡算,根

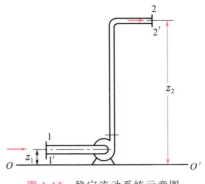

图 1-13 稳定流动系统示意图

据能量守恒定律,输入系统的总机械能必须等于输出系统的总机械能,即若以 1kg 流体为衡算基准,则有

$$gz_1+\frac{u_1^2}{2}+\frac{p_1}{\rho}+W_e=gz_2+\frac{u_2^2}{2}+\frac{p_2}{\rho}+\sum h_f \qquad (1-20)$$

若以 1N 流体为衡算基准,则有

$$z_1+\frac{u_1^2}{2g}+\frac{p_1}{\rho g}+H_e=z_2+\frac{u_2^2}{2g}+\frac{p_2}{\rho g}+H_f \qquad (1-21)$$

式(1-20)、式(1-21)均为稳定流动系统的能量衡算式,即**伯努利方程式**。

5. 伯努利方程的讨论

(1) 若流体流动时不产生流动阻力,即 $\sum h_f=0$,这种流体称为**理想流体**。实际上并不存在真正的理想流体,而是一种设想,但这种设想,对解决工程实际问题具有重要意义。对于理想流体流动而无外功加入时,则式(1-20) 便可简化为

$$gz_1+\frac{u_1^2}{2}+\frac{p_1}{\rho}=gz_2+\frac{u_2^2}{2}+\frac{p_2}{\rho} \qquad (1-22)$$

式(1-22) 称为**理想流体伯努利方程**。它表示理想流体在管路内作稳定流动而又没有外功加入时,任一截面上流体所具有位能、动能与静压能之和相等,但各截面上相同形式的机械能不一定相等,它们是可以相互转换的。

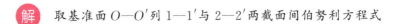

某液体在水平管道中作稳定流动,如例 1-12 附图所示。若忽略流体阻力,试分析流体从 1—1′ 截面流向 2—2′ 截面能量之间的转化关系。

解 取基准面 O—O' 列 1—1′ 与 2—2′ 两截面间伯努利方程式

$$gz_1+\frac{u_1^2}{2}+\frac{p_1}{\rho}=gz_2+\frac{u_2^2}{2}+\frac{p_2}{\rho}$$

式中，因为管路水平，所以 $z_1=z_2$。因为截面 1—1′ 的横截面积＜截面 2—2′ 的横截面积，所以 $u_1>u_2$。

将 $z_1=z_2$ 和 $u_1>u_2$ 代入伯努利方程式可得

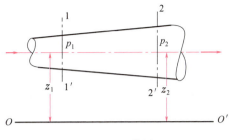

例 1-12　附图

$$\frac{p_1}{\rho}<\frac{p_2}{\rho}$$

上面结果表明：在两截面处，由于基准水平面不变，则位能不变，而动能由于截面增大而减小，静压能由于截面增大而增加。流体从 1—1′ 截面流向 2—2′ 截面有一部分动能转化成了静压能。因为总机械能在两截面处为一常数，所以动能的减小值应等于静压能的增大值，即

$$\frac{u_1^2-u_2^2}{2}=\frac{p_2-p_1}{\rho}$$

反之，上述液体若流动方向与题意相反时，同理可知在截面 1—1′ 处动能较截面 2—2′ 处增大，静压能减小，并且在上述两截面间静压能的减小值恰等于动能的增大值。

由上例分析可知，式(1-22)表示了理想流体在流动过程中，各种形式的机械能在一定的条件下可以互相转化以及相互转化的数量关系。

(2) 式(1-20)中 W_e 是输送设备对单位质量流体所做的有效功，是决定流体输送设备的重要依据。单位时间输送设备所做的有效功称为**有效功率**，以 N_e 表示，即

$$N_e=W_e q_m \tag{1-23}$$

式中，q_m 为流体的质量流量，所以 N_e 的单位为 J/s 或 W。

(3) 伯努利方程是依据不可压缩流体的能量平衡得出的，故只是用于液体。对于气体，若所取系统两截面间的绝对压强变化小于原来绝对压强的 20%，即 $\frac{p_1-p_2}{p_1}<20\%$ 时，仍可用式(1-20)与式(1-21)进行计算，但此时式中的流体密度 ρ 应以两截面间流体的平均密度 $\rho_m=\frac{\rho_1+\rho_2}{2}$ 来代替。这种处理方法所导致的误差，在工程计算上是允许的。

(4) 如果所讨论的系统没有外功加入，则 $W_e=0$；又系统里的流体是静止的，则 $u=0$；没有运动，自然没有阻力产生，即 $\sum h_f=0$。于是式(1-20)可

写为

$$gz_1 + \frac{p_1}{\rho} = gz_2 + \frac{p_2}{\rho}$$

上式为流体静力学基本方程式的另一种表达式。它表明静止流体内任一点的机械能之和为常数。由此可见，伯努利方程式除表示流体的流动规律外，还表示了流体静止状态的规律。而流体的静止状态，只不过是流体流动状态的一种特殊形式。

五、伯努利方程的应用

1. 确定管路中流体的流量

例 1-13 如图例 1-13 所示，水槽液面至水出口管垂直距离保持在 6.2m，水管全长 330m，全管段为 $\phi 114\text{mm} \times 4\text{mm}$ 的钢管，若在流动过程中能量损失为 58.84J/kg，试求导管中每小时水的流量（m^3/h）。

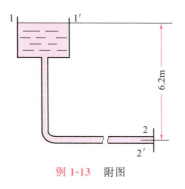

例 1-13 附图

解 取水槽液面为截面 1—1′，管路出口为截面 2—2′，并以通过出口管道中心线的水平面为基准面。在两截面间列伯努利方程式，即

$$gz_1 + \frac{u_1^2}{2} + \frac{p_1}{\rho} + W_e = gz_2 + \frac{u_2^2}{2} + \frac{p_2}{\rho} + \sum h_f$$

式中 $z_1 = 6.2\text{m}$，$z_2 = 0$，$u_1 \approx 0$（大截面），u_2 待求，$p_1 = p_2 = 0$（表压），$W_e = 0$，$\sum h_f = 58.84\text{J/kg}$。

将以上数值代入伯努利方程式，并简化得

$$9.81 \times 6.2 = \frac{u_2^2}{2} + 58.84$$

解得

$$u_2 = 1.99\text{m/s}$$

因此，每小时水的流量为

$$q_v = 3600 \times \frac{\pi}{4}d^2 u_2 = 3600 \times 0.785 \times \left(\frac{114 - 2 \times 4}{1000}\right)^2 \times 1.99 = 63.2\text{m}^3/\text{h}$$

2. 确定容器间的相对位置

例 1-14 如图例 1-14 所示，为了能以均匀的速度向精馏塔中加料，而使原料液从高位槽自动流入精馏塔中。高位槽液面维持不变，塔内压强为 40kPa（表压）。已知原料液密度为 900kg/m³，连接管的规格为 ϕ108mm×4mm。料液在连接管内的阻力损失为 2.22m 液柱。问高位槽中的液面须高出塔的进料口多少米，才能使液体的进料维持 50m³/h？

解 选高位槽液面为截面 1—1′，精馏塔进料口为截面 2—2′，并以通过精馏塔进料口中心线的水平面为基准面。在两截面间列伯努利方程式

$$z_1+\frac{u_1^2}{2g}+\frac{p_1}{\rho g}+H_e=z_2+\frac{u_2^2}{2g}+\frac{p_2}{\rho g}+H_f$$

式中 $z_1=h$ 待求，$z_2=0$，$u_1\approx 0$（大截面），$u_2=\dfrac{50}{3600\times 0.785\times 0.1^2}=1.77\text{m/s}$，

$p_1=0$（表压），$p_2=40\times 10^3\text{Pa}$（表压），$\rho=900\text{kg/m}^3$，$H_e=0$，$H_f=2.22\text{m}$ 液柱。

将以上数值代入伯努利方程式得

$$h=\frac{1.77^2}{2\times 9.81}+\frac{40\times 10^3}{900\times 9.81}+2.22=6.91\text{m}$$

即高位槽的液面必须高出进料口 6.91m。

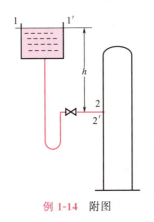

例 1-14 附图

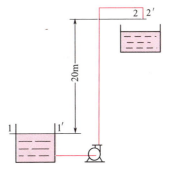

例 1-15 附图

3. 确定输送设备的有效功率

例 1-15 如图例 1-15 所示，用泵将贮槽中密度为 1200kg/m^3 的溶液送到 20m 高处。已知泵的进口管路为 $\phi108\text{mm}\times4\text{mm}$，溶液的流速为 1m/s。泵的出口管路为 $\phi68\text{mm}\times4\text{mm}$，管路全部阻力损失为 3m 液柱。试求管路所需的外加压头和泵的有效功率。

解 取贮槽液面为截面 1—1′，管路出口为截面 2—2′，并以截面 1—1′ 为基准水平面。在两截面间列伯努利方程式，即

$$z_1+\frac{u_1^2}{2g}+\frac{p_1}{\rho g}+H_e=z_2+\frac{u_2^2}{2g}+\frac{p_2}{\rho g}+H_f$$

式中 $z_1=0$，$z_2=20\text{m}$，$u_1=0$，$u_2=u_{进}\left(\dfrac{d_{进}}{d_{出}}\right)^2=1\times\left(\dfrac{0.1}{0.06}\right)^2=2.78\text{m/s}$，

$p_1=p_2=0$（表压），H_e 待求，$H_f=3\text{m}$ 液柱。

将以上数据代入伯努利方程式，得管路所需的外加压头为

$$H_e=z_2+\frac{u_2^2}{2g}+H_f=20+\frac{2.78^2}{2\times9.81}+3=23.4\text{m 液柱}$$

泵的有效功率为

$$N_e=W_e q_m=H_e g q_{v_l}\rho$$
$$=23.4\times9.81\times0.785\times0.1^2\times1\times1200=2162\text{W}\approx2.16\text{kW}$$

4. 确定用压缩空气输送液体时压缩空气的压强

例 1-16 某车间用压缩空气来压送 98% 浓硫酸，压缩装置如图例 1-16 所示。每批压送量为 0.3m^3，要求在 10min 内压完，硫酸温度为 20℃。管子规格为 $\phi38\text{mm}\times3\text{mm}$ 钢管，管子出口在硫酸贮罐液面上垂直距离为 15m，设硫酸流经全部管路的能量损失为 10J/kg。试求开始压送时压缩空气的表压强。

解 取硫酸贮罐液面为截面 1—1′，硫酸管出口为截面 2—2′，并以截面 1—1′ 为基准水平面，在两截面间列伯努利方程式，即

$$gz_1+\frac{u_1^2}{2}+\frac{p_1}{\rho}+W_e=gz_2+\frac{u_2^2}{2}+\frac{p_2}{\rho}+\sum h_f$$

式中 $z_1=0$，$z_2=15\text{m}$，$u_1\approx0$，

$$u_2 = \frac{q_v}{A} = \frac{0.3}{10 \times 60 \times \frac{\pi}{4} \times 0.032^2} = 0.622 \text{m/s}$$

p_1 待求，$p_2 = 0$（表压），$\rho = 1831 \text{kg/m}^3$（由本书附录查得），$\sum h_f = 10 \text{J/kg}$。

将以上数值代入伯努利方程式，得

$$\frac{p_1}{1831} = 15 \times 9.81 + \frac{0.622^2}{2} + 10$$

$$p_1 = 2.88 \times 10^5 \text{Pa（表压）}$$

即压缩空气的压强在开始时最小为 $2.89 \times 10^5 \text{Pa}$（表压）。

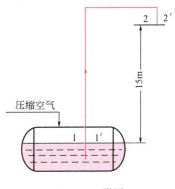

例 1-16 附图

以上所举各例，是伯努利方程式在流体流动计算方面的应用。伯努利方程式的应用还有许多方面。通过上面例题求解可以看到应用伯努利方程式解决实际问题时要点如下。

(1) 根据题意画出流动系统的示意图，图中要指明流体流动方向，并标以有关数据以助分析题意。

(2) 截面的选取　两截面均应与流体流动方向垂直，并且在两截面间的流体必须是连续的。一般应以上游为 1—1′ 截面，下游为 2—2′ 截面，所求的未知量应在截面上或在两截面之间。截面上的有关物理量，除所需求取的未知量外，都应该是已知的或能通过其他关系计算出来。

(3) 基准水平面的选取　选取基准水平面是为了确定流体位能的大小，实际上在伯努利方程中反映的是位能差，所以，基准水平面可以任意选取，但必须与地面平行。为了简化计算，通常取两个截面中位置较低的一个截面为基准水平面，使该截面处的 z 值为零，另一个截面处的 z 值为正值，如果位置较低的截面不与地面平行，应选通过截面中心的水平面为基准面。

(4) 单位必须统一　在应用伯努利方程式计算之前，应把式中有关物理量换成一致的单位，然后进行计算。

(5) 压强表示方法要一致　伯努利方程式中的压强可以都用绝对压强也可以都用表压强，但要一致，不能混用。

(6) 对于大截面，可取其流速近似为零。

第三节　流体在管内的流动阻力

在讨论伯努利方程应用时可以看到，只有给出了能量损失这项具体数值或指明忽略不计，才能用伯努利方程解决流体输送中的问题。因此，流体阻力的计算颇为重要。本节主要讨论流体阻力的来源，影响阻力的因素以及流体在管内的阻力计算。

一、流体阻力的来源

以水在管内流动为例，由于流体具有**黏性**，管内任一截面上各点的速度并不相同，中心处的速度最大，越靠近管壁速度越小，在管壁处水的质点黏附于管壁上，其速度为零。其他流体在管内流动时也有类似的规律。所以，流体在管内流动时，可以认为是被分割成无数极薄的圆筒层，一层套着一层，各层以不同的速度向前运动，如图 1-14 所示。由于各层速度不同，层与层之间发生了相对运动，速度快的流体层对相邻的速度慢的流体层产生一种牵引力，而同时速度慢的流体层则产生一种大小相等、方向相反的阻碍力。这种运动着的流体内部相邻两流体层间的相互作用力，称为流体的**内摩擦力**，是流体黏性的表现。流体流动时必须克服内摩擦力而做功，从而将流体的一部分机械能转变为热能而损失掉，这就是流体运动时造成能量损失的根本原因。

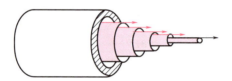

图 1-14　流体在圆管内分层流动示意图　　　M1-1　流体的黏性

当流体流动激烈呈紊乱状态时，流体质点流速的大小与方向发生急剧的变化，质点之间相互激烈地交换位置。这种运动的结果，也会损耗机械能，而使流体阻力增大，因此，流体的流动状态是产生流体阻力的另一原因。此外，管壁的粗糙程度、管子的长度和管径的大小也对流体阻力有一定的影响。

二、流体的黏度

流体流动时产生内摩擦力的性质称为黏性，衡量流体黏性大小的物理量称为**动力黏度**或**绝对黏度**，简称**黏度**，用符号 μ 表示，是流体的物理性质之一。黏度的大小实际上反映了流体流动时内摩擦力的大小，流体的黏度越大，流体流动时内摩擦力越大，流体的流动阻力越大。

流体的黏度主要与温度有关。液体的黏度随温度升高而减小，气体的黏度则随温度升高而增大。压强变化时，液体的黏度基本不变；气体的黏度随压强的增加而增加得很少，在一般工程计算中可忽略，只有在极高或极低的压强下，才需要考虑压强对气体黏度的影响。

流体的黏度可从有关手册中查得。在 SI 单位制中，黏度的单位是 Pa·s，在物理单位制中常用 P(泊) 或 cP(厘泊) 表示，它们的换算关系为

$$1 Pa·s = 10 P = 1000 cP = 1000 mPa·s 或者 1 cP = 1 mPa·s$$

在工业生产中常遇到各种流体混合物，在缺乏实验数据时，可参阅有关资料以选用适当的经验公式进行估算。

三、流体的流动类型

在讨论流体阻力产生的原因及影响因素时知道，流体的阻力与流体的流动状态有关。下面讨论流体的流动类型和如何判断流动类型。

1. 两种流动类型——层流和湍流

为了直接观察流体流动时内部质点的运动情况及各种因素对流动状况的影响，可用如图 1-15 所示的实验装置，称为雷诺实验装置。在水箱 3 内有溢流装置，以维持水位恒定。箱的底部安装一段入口为喇叭状，内径相同的水平玻璃管 4，管口处有阀门 5 以调节流量。水箱上方装有带颜色液体的小瓶，有色液体可经过细管 2 注入玻璃管内。在水流经玻璃管的过程中，同时把有颜色的液体送到玻璃管入口以后的管中心位置上。

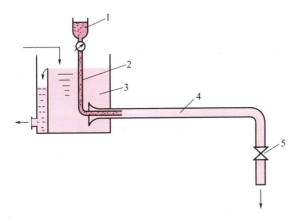

图 1-15　雷诺实验装置　　　　　　　M1-2　流动类型
1—小瓶；2—细管；3—水箱；4—水平玻璃管；5—阀门

实验可以观察到，当阀门 5 稍开，水在玻璃管内的流速不大时，从细管引到水流中心的有色液体成一直线，平稳地流过整根玻璃管，如图 1-16(a) 所示。这种现象表明玻璃管里水的质点是彼此平行地沿管轴的方向作直线运动。因此可以

把玻璃内的水流看成是一层层平行于管壁的圆筒形薄层,各层以不同的流速向前流动。这种流动类型与图 1-14 所设想的情况相同。称这种流动类型为<u>层流</u>或<u>滞流</u>。

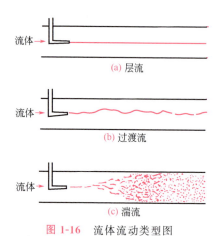

图 1-16　流体流动类型图

当开大阀门 5,使水的流速逐渐加大到一定数值时,会看到有色液体的细线开始出现波浪形,如图 1-16(b) 所示;若使流速继续增大,使其速度达到某一临界值时,细线便完全消失,有色液体流出细管后随即散开,与水完全混合在一起,使整根玻璃管中水呈现出均匀的颜色,如图 1-16(c) 所示。这种现象表明水的质点除了沿着管路向前流动以外,各质点还作不规则的杂乱运动,且彼此互相碰撞,互相混合,水流质点除了沿玻璃管轴线方向的流动外,还有径向的复杂运动,称这种流动类型为<u>湍流</u>或<u>紊流</u>。

2. 流动类型的判据——雷诺数

对于管内流体的流动来说,实验表明不仅流速 u 能引起流体流动状况的改变,而且管内径 d、流体的黏度 μ 和密度 ρ,对流体的流动状况也有影响。所以流体在管内的流动状况是同时由上述这几个因素决定的。

在实验的基础上,雷诺发现可以将上述影响因素组合成 $du\rho/\mu$ 的形式作为流型的判据。这种组合形式称为<u>雷诺数</u>,以符号 Re 表示,即

$$Re = \frac{du\rho}{\mu} \tag{1-24}$$

雷诺数是一个没有单位的纯数值,称为特征数。在计算特征数时,必须采用同一单位制下的单位,无论采用哪种单位制,只要式中各物理量的单位一致,所算出来的数值都相等。

实验证明,流体在圆形直管内流动时,若 $Re \leq 2000$,流动类型为层流,此区称为层流区或滞流区;若 $Re \geq 4000$ 时,流动类型为湍流,此区称为湍流区或紊流区;若 Re 在 $2000 \sim 4000$ 的范围内,流体的流动处于一种过渡状态,可能是层流,也可能是湍流,或者是二者交替出现,为外界条件所左右,如在管路入口处、管路直径或方向发生改变、或外来的轻微振动,都易促成湍流的发生,此区称为过渡区。Re 值的大小,反映了流体的湍动程度,Re 值越大,流体的湍动程度越大,流体质点的碰撞和混合越剧烈,流体阻力越大。

例 1-17 20℃的水在内径为 50mm 管内流动，流速为 2m/s。试计算雷诺数，并判断管中水的流动类型。

解 已知 $d=0.05\text{m}$，$u=2\text{m/s}$，从本书附录中查得水在 20℃时，$\rho=998.2\text{kg/m}^3$，$\mu=1.005\times 10^{-3}\text{Pa}\cdot\text{s}$。则

$$Re=\frac{du\rho}{\mu}=\frac{0.05\times 2\times 998.2}{1.005\times 10^{-3}}=99300$$

$Re>4000$，所以管中水的流动类型为湍流。

生产中常遇到一些非圆形管路，如有些气体的管路是方形的，套管换热器两根同心圆管间的通道是圆环形的。计算 Re 数值时，需要用一个与圆形管直径 d 相当的"直径"来代替，这个直径称为<u>当量直径</u>，用 d_e 表示，可用下式计算

$$d_e=4\times\frac{\text{流通截面积}}{\text{润湿周边长度}} \tag{1-25}$$

对于边长为 a 和 b 的矩形截面 d_e 为

$$d_e=4\times\frac{ab}{2(a+b)}=\frac{2ab}{a+b}$$

对于套管环隙，若外管的内径为 d_1，内管的外径为 d_2，如图 1-17 所示，则 d_e 为

$$d_e=4\times\frac{\frac{\pi}{4}(d_1^2-d_2^2)}{\pi(d_1+d_2)}=d_1-d_2$$

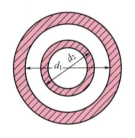

图 1-17 套管环隙截面

当量直径的计算方法，完全是经验性的，可以用它来计算非圆形截面的管子或设备的直径。但是不能用当量直径来计算非圆形管子或设备的截面积。如图 1-17 这个套管环隙截面的当量直径已算出为 d_1-d_2，若用 d_1-d_2 作直径来计算套管环隙截面积，则为 $\frac{\pi}{4}(d_1-d_2)^2$，而实际上，这个套管环隙截面积应为 $\frac{\pi}{4}(d_1^2-d_2^2)$。$Re$ 中的流速是指流体的真实流速，即流速应按实际流道截面计算，而不能用当量直径 d_e 来计算，只是式中的直径 d 可以用当量直径 d_e 代替。

例 1-18 有一套管换热器，内管的外径为 25mm，外管的内径为 46mm，冷冻盐水在套管的环隙中流动。盐水的质量流量为 3.73t/h，密度为 1150kg/m³，黏度为 $1.2\times 10^{-3}\text{Pa}\cdot\text{s}$，试判断盐水的流动类型。

当量直径为 $d_e = 46 - 25 = 21\text{mm} = 0.021\text{m}$，$\rho = 1150\text{kg/m}^3$，$\mu = 1.2 \times 10^{-3} \text{Pa·s}$，

$$u = \frac{q_v}{\rho A} = \frac{3.73 \times 10^3 / 3600}{1150 \times 0.785 \times (0.046^2 - 0.025^2)} = 0.77 \text{m/s}$$

$$Re = \frac{d_e u \rho}{\mu} = \frac{0.021 \times 0.77 \times 1150}{1.2 \times 10^{-3}} = 15496 > 4000$$

故管中盐水的流动类型为湍流。

四、流体在圆管内流动时的速度分布

流体在圆管内流动时，无论是滞流或湍流，在管道任意截面上各点的速度不同，由于流体具有黏性，使管壁处速度为零，离开管壁以后速度渐增，到管中心处速度最大，此种变化关系称为**速度分布**。速度分布的规律因流体的流动类型而异。

滞流时各点的速度沿管径呈抛物线分布，截面上各点速度的平均值 u 等于管中心处最大速度 $u_{\max}$ 的 0.5 倍，如图 1-18 所示。湍流时各点的速度沿管径的分布和抛物线相似，但顶端较为平坦，平均速度约为管中心最大速度的 0.82 倍，如图 1-19 所示。

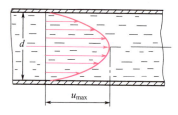

图 1-18 滞流时速度分布

M1-3 层流速度分布

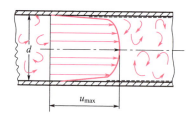

图 1-19 湍流时速度分布

应当指出，在湍流时无论流体主体湍动得如何剧烈，紧靠管壁处总有一层作层流流动的流体薄层，称为层流内层。层流内层的厚度与 Re 值有关，Re 值越大，厚度越薄；反之越厚。层流内层的存在，对传热与传质过程影响很大。这方

面问题，将在后面有关章节中讨论。

五、流动阻力的计算

流体在管路中流动时的阻力可分为直管阻力和局部阻力两种。直管阻力是流体流经一定管径的直管时，由于流体的内摩擦而产生的阻力。局部阻力是流体流经管路中的管件、阀门及截面的突然扩大或缩小等局部障碍所引起的阻力。

流体阻力除用损失能量 $\sum h_f$ 和损失压头 H_f 表示外，有时还用与其相当的压强降 $\Delta p_f = \sum h_f \rho = H_f g \rho$ 表示。

M1-4　管路上的局部阻力

1. 直管阻力的计算

（1）圆形直管　流体在圆形直管内流动时的损失能量用范宁公式计算，即

$$h_f = \lambda \frac{l}{d} \times \frac{u^2}{2} \tag{1-26}$$

式中　h_f——流体在圆形直管内流动时的损失能量，J/kg；

　　l——直管长度，m；

　　d——直管内径，m；

　　$\dfrac{u^2}{2}$——流体的动能，J/kg；

　　λ——摩擦系数，无单位，其值与 Re 和管壁粗糙程度有关。

由式(1-26)可知，计算直管阻力的关键是求取 λ 值，λ 值可如下求取。

① 用公式计算　层流时，对于圆形管通过理论推导，λ 与 Re 的关系为

$$\lambda = \frac{64}{Re} \tag{1-27}$$

湍流时，由于流体质点运动的复杂性，目前还不能完全用理论分析法得到 λ 的计算式，而是通过实验研究，获得一些半理论、半经验的公式，可参考有关资料，选用合适的公式计算。

② 查 λ-Re 关系图　通过实验，将 λ 与 Re 的关系标绘在双对数坐标纸上，得到图1-20。为了应用上的方便，按管子的材料，将管子大致分为光滑管和粗糙管两大类，通常把玻璃管、铜管、铅管、塑料管等列为光滑管，把钢管、铸铁管、水泥管等列为粗糙管。λ 值可按不同情况根据 Re 值从图中查取。

a. 层流时　流体做层流流动时，管壁上凹凸的地方都被有规则的流体层所覆盖，流体质点对管壁凸出的部分不会发生碰撞，所以，摩擦系数 λ 与管壁粗糙度无关，只与 Re 有关，因此，不论是光滑管还是粗糙管，λ 值均根据 Re 由图中

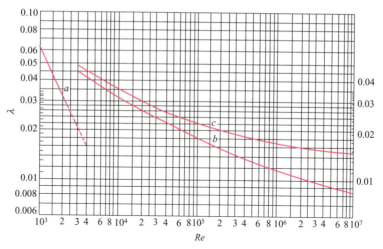

图 1-20　摩擦系数 λ 与雷诺数 Re 的关系

a 线查取，表达这一直线的方程即为式(1-27)。

b. 湍流时　流体做湍流流动时，λ 不但与 Re 有关，还与管壁粗糙度有关。对于光滑管，λ 值可根据 Re 从图中 b 线查取。对于粗糙管 λ 值可根据 Re 从图中 c 线查取。

c. 过渡区　过渡区内的流型不稳定，对于阻力计算，考虑到留有余地，λ 值可按湍流曲线的延伸线查取。

例 1-19　20℃，98%的硫酸在内径为 50mm 的铅管内流动，流速为 0.5m/s，已知硫酸密度为 1831kg/m³，黏度为 23×10^{-3} Pa·s。试求其流过 100m 直管的能量损失和压强降。

解　已知 $\rho = 1831 \text{kg/m}^3$，$\mu = 23 \times 10^{-3}$ Pa·s，$d = 0.05$m，$l = 100$m，$u = 0.5$m/s。

$$Re = \frac{du\rho}{\mu} = \frac{0.05 \times 0.5 \times 1831}{23 \times 10^{-3}} = 1990 < 2000 \quad \text{流动为层流}$$

λ 值可用式(1-27)计算

$$\lambda = \frac{64}{Re} = \frac{64}{1990} = 0.032$$

能量损失为　　$h_f = \lambda \dfrac{l}{d} \times \dfrac{u^2}{2} = 0.032 \times \dfrac{100}{0.05} \times \dfrac{0.5^2}{2} = 8 \text{J/kg}$

压强降为　　$\Delta p_f = h_f \rho = 8 \times 1831 = 1.46 \times 10^4 \text{Pa}$

例 1-20 20℃的水,以 1m/s 的速度在 φ60mm×3.5mm 的钢管中流动,试求水通过 100m 长直管的能量损失和压强降。

解 从本书附录中查得水在 20℃ 时,$\rho=998.2\text{kg/m}^3$,$\mu=100.5\times10^{-5}$ Pa·s,又管径 $d=60-3.5\times2=53\text{mm}=0.053\text{m}$,$l=100\text{m}$,$u=1\text{m/s}$。

$$Re=\frac{du\rho}{\mu}=\frac{0.053\times1\times998.2}{100.5\times10^{-3}}=5.26\times10^4>4000 \quad 流动为湍流$$

由于钢管为粗糙管,故查图 1-20 中的 c 线,得 $\lambda=0.024$。

能量损失为 $$h_f=\lambda\frac{l}{d}\times\frac{u^2}{2}=0.024\times\frac{100}{0.053}\times\frac{1^2}{2}=22.6\text{J/kg}$$

压强降为 $$\Delta p_f=h_f\rho=22.6\times998.2=2.26\times10^4\text{Pa}$$

(2) 非圆形直管 当流体流经非圆形直管时,流体阻力仍可用式(1-26)计算。但式中的 d 和 Re 中的 d,均应用当量直径 d_e 代替。流速仍按实际流道截面计算。

此外有些研究结果表明,当量直径用于湍流情况下的阻力计算,才比较可靠,而且用于矩形管时,其截面的长宽之比不能超过 3:1,用于环形截面时,其可靠性就较差。若层流时应用当量直径计算阻力的误差就更大,当必须采用当量直径计算直管阻力时,则除式(1-26)中的 d 换以 d_e 外,还须对层流时摩擦系数 λ 的计算式(1-27)进行修正,即

$$\lambda=\frac{C}{Re} \tag{1-28}$$

式中,C 为无单位常数。某些非圆形管的常数 C 值见表 1-2。

表 1-2 某些非圆形管的常数 C 值

非圆形管的截面形状	正方形	等边三角形	环形	长方形 长:宽=2:1	长方形 长:宽=4:1
常数 C	57	53	96	62	73

例 1-21 有一热交换器由 44 根外径为 30mm 的光滑管组成,各管平行而被包围在内径为 303mm 的外壳内。每小时有 3000m³ 空气在管外平行流过。空气的平均温度为 30℃。热交换器长 4m。试估计空气通过热交换器时的压强降。

解 从本书附录查得空气在 30℃ 时 $\rho=1.165\text{kg/m}^3$，$\mu=1.86\times10^{-5}\text{Pa}\cdot\text{s}$，管长 $l=4\text{m}$，体积流量 $q_v=3000/3600=0.833\text{m}^3/\text{s}$。

则 流通截面积 $A=\dfrac{\pi}{4}\times(0.303^2-44\times0.03^2)=0.041\text{m}^2$

润湿周边长度 $\Pi=44\times0.03\pi+0.303\pi=5.096\text{m}$

环隙的当量直径 $d_e=\dfrac{4A}{\Pi}=\dfrac{4\times0.041}{5.096}=0.0322\text{m}$

所以 $u=\dfrac{0.833}{0.041}=20.3\text{m/s}$

$$Re=\dfrac{d_e u\rho}{\mu}=\dfrac{0.0322\times20.3\times1.165}{1.86\times10^{-5}}=4.09\times10^4$$

从图 1-20 光滑管的曲线上读出此 Re 值时的 $\lambda=0.022$

将上述值代入压强降的计算式得压强降为

$$\Delta p_f=\lambda\dfrac{l}{d_e}\dfrac{\rho u^2}{2}$$

$$=0.022\times\dfrac{4}{0.0322}\times\dfrac{1.165\times20.3^2}{2}=656\text{Pa}$$

2. 局部阻力的计算

流体在管路的进口、出口、弯头、阀门、扩大、缩小或流量计等局部位置流过时的阻力称为局部阻力。局部阻力的计算有两种方法。

（1）**阻力系数法** 流体克服局部阻力所引起的能量损失，可以表示为动能的某一倍数，即

$$h'_f=\zeta\dfrac{u^2}{2} \tag{1-29}$$

式中 h'_f——流体克服局部阻力损失的能量，J/kg；

ζ——局部阻力系数，无单位，其值由实验测定，常见管件与阀门的阻力系数见表 1-3。

计算突然扩大或突然缩小的局部阻力损失时，式(1-29) 中的流速 u 均以小管的流速计。

（2）**当量长度法** 此法是将流体流过管件、阀门等所产生的局部阻力，折合成相当于流体流过一定长度的同直径的直管时所产生的阻力。此折合的直管长度称为**当量长度**，用符号 l_e 表示。这样，流体克服局部阻力所引起的能量损失可仿照式(1-26) 写成如下形式，即

表 1-3　常见管件与阀门的阻力系数

管件和阀件名称	ζ 值						
标准弯头	$45°, \zeta=0.35$			$90°, \zeta=0.75$			
90°方形弯头	1.3						
180°回弯头	1.5						
活管接	0.4						

弯管	R/d	φ						
		30°	45°	60°	75°	90°	105°	120°
	1.5	0.08	0.01	0.14	0.16	0.175	0.19	0.20
	2.0	0.07	0.10	0.12	0.14	0.15	0.16	0.17

标准三通管	$\zeta=0.4$	$\zeta=1.5$ 当弯头用	$\zeta=1.3$ 当弯头用	$\zeta=1$

闸阀	全开	3/4 开	1/2 开	1/4 开
	0.17	0.9	4.5	24

标准截止阀(球心阀)	全开 $\zeta=6.4$			1/2 开 $\zeta=9.5$			

蝶阀	α	5°	10°	20°	30°	40°	45°	50°	60°	70°
	ζ	0.24	0.52	1.54	3.91	10.8	18.7	30.6	118	751

管件或阀件名称	ζ 值					
旋塞	θ	5°	10°	20°	40°	60°
	ζ	0.05	0.29	1.56	17.3	206
角阀 90°	5					
单向阀(止逆阀)	摇板式 $\zeta=2$			球形式 $\zeta=70$		

管件和阀件名称	ζ 值
底阀	1.5
滤水器(或滤水网)	2
水表(盘形)	7

$$h'_f = \lambda \frac{l_e}{d} \times \frac{u^2}{2} \tag{1-30}$$

式中，l_e 值由实验测定，单位为 m。

表 1-4 列出了部分管件、阀门等以管径计的当量长度。例如，45°标准弯头的 l_e/d 值为 15，若这种弯头配置在 $\phi 108\text{mm} \times 4\text{mm}$ 的管路上，则它的当量长度为 $l_e = 15 \times (108-2 \times 4) = 1500\text{mm} = 1.5\text{m}$。

表 1-4 部分管件、阀门等以管径计的当量长度

名称	$\dfrac{l_{当}}{d}$	名称	$\dfrac{l_{当}}{d}$
45°标准弯头	15	截止阀(标准式)(全开)	300
90°标准弯头	30～40	角阀(标准式)(全开)	145
90°方形弯头	60	闸阀(全开)	7
180°弯头	50～75	闸阀(3/4 开)	40
止回阀(旋启式)(全开)	135	闸阀(1/2 开)	200
蝶阀(6in 以上)(全开)	20	闸阀(1/4 开)	800
盘式流量计(水表)	400	带有滤水器的底阀(全开)	420
文氏流量计	12	由容器入管口	20
转子流量计	200～300	由管口入容器	40

上面所介绍的当量长度及局部阻力系数的数值，由于管件及阀门的构造细节、制造加工情况往往差别很大，所以其数值变动范围很大，即局部阻力的计算只是一种粗略的估算。此外，由于数据不完全，在局部阻力计算时，有时将两种方法结合起来进行估算，一部分用阻力系数法，另一部分用当量长度法。

3. 管路总阻力的计算

管路系统的**总阻力**为管路上**全部直管阻力**和**各个局部阻力**之和，即 $\sum h_f = h_f + \sum h_f'$。如果局部阻力都按当量长度法计算，则管路的总能量损失为

$$\sum h_f = \lambda \frac{l + \sum l_e}{d} \times \frac{u^2}{2} \tag{1-31}$$

式中，$\sum l_e$ 为管路中所有管件与阀门等的当量长度之和。

如果局部阻力都按阻力系数法计算，则管路的总能量损失为

$$\sum h_f = \left(\lambda \frac{1}{d} + \sum \zeta\right) \frac{u^2}{2} \tag{1-32}$$

式中，$\sum \zeta$ 为管路中所有管件与阀门等的局部阻力系数之和。

式(1-31) 和式(1-32) 适用于等径管路总阻力的计算，当管路由直径不同的管段组成时，应分段计算，然后再加和。

例 1-22 常温水以 $36 m^3/h$ 的流量在 $\phi 108mm \times 4mm$ 的钢管中流过，管路上装有 90°标准弯头两个，闸阀（全开）一个，直管长度为 30m。试计算水流过该管路的总阻力损失。

解 取常温下水的密度 $\rho = 1000 kg/m^3$，黏度 $\mu = 1mN \cdot s/m^2 = 1 \times 10^{-3}$

N·s/m², 管子内径 $d=108-4\times 2=100\text{mm}=0.1\text{m}$。

水在管内的流速为 $u=\dfrac{q_v}{\dfrac{\pi}{4}d^2}=\dfrac{36}{0.785\times 0.1^2\times 3600}=1.27\text{m/s}$

水在管内流动时的雷诺数 Re 为

$$Re=\dfrac{du\rho}{\mu}=\dfrac{0.1\times 1.27\times 1000}{1\times 10^{-3}}=127000>4000$$

即水在管内的流动为湍流。钢管为粗糙管，查图 1-20 中的 c 线，得 $\lambda=0.022$。

直管阻力 为 $\quad h_f=\lambda\dfrac{l}{d}\times\dfrac{u^2}{2}=0.022\times\dfrac{30}{0.1}\times\dfrac{1.27^2}{2}=5.32\text{J/kg}$

局部阻力 为

（1）用当量长度法计算 查表 1-4，90°标准弯头的 l_e/d 值为 30；闸阀（全开）l_e/d 值为 7。所以

$$\sum h'_f=\lambda\dfrac{\sum l_e}{d}\times\dfrac{u^2}{2}=0.022\times\dfrac{(30\times 2+7)\times 0.1}{0.1}\times\dfrac{1.27^2}{2}=1.19\text{J/kg}$$

（2）用阻力系数法计算 查表 1-3，90°标准弯头的 ζ 值为 0.75；闸阀（全开）的 ζ 值为 0.17。所以

$$\sum h'_f=\sum\zeta\dfrac{u^2}{2}=(0.75\times 2+0.17)\times\dfrac{1.27^2}{2}=1.35\text{J/kg}$$

总阻力计算 ① $\sum h_f=h_f+\sum h'_f=5.32+1.19=6.51\text{J/kg}$
② $\sum h_f=h_f+\sum h'_f=5.32+1.35=6.67\text{J/kg}$

由以上计算可知，用两种方法计算的局部阻力其结果不完全一致，这是因为局部阻力的计算只是一种估算，这在工程计算中是允许的。由于数据不完全，在局部阻力计算时，有时可将两种方法结合起来进行，即一部分用阻力系数法，另一部分用当量长度法。

4. 降低流体阻力的途径

流体阻力越大，输送流体时所消耗的动力越大，能耗和生产成本就越高，因此，要设法降低流体阻力。由总阻力计算式分析可知，降低流体阻力可采取如下措施：

（1）合理布置管路，尽量减少管长，走直线，少拐弯；
（2）减少不必要的管件、阀门，避免管路直径的突变；
（3）适当加大管径，尽量选用光滑管。

第四节　流量的测量

在化工生产过程中，流量是一个重要的参数，为了控制生产过程稳定进行，

就必须经常测定流体的流量,并加以调节和控制。测量流量的方法很多,下面仅介绍几种根据流体流动时各种机械能的相互转化原理而工作的流量计。

一、孔板流量计

孔板流量计是将一块中央有圆孔的金属薄板——孔板,用法兰固定在管路上,使孔板垂直于管内流体流动的方向,同时使孔的中心位于管道的中心线上,如图 1-21 所示。孔板两侧的测压孔与液柱压强计相连,由压强计上的读数 R 即可算出管路中流体的流量。

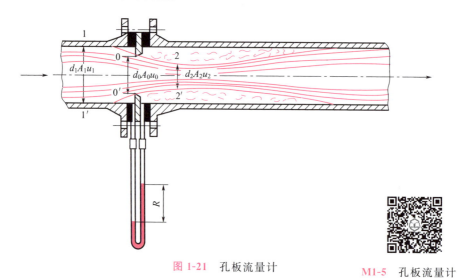

图 1-21　孔板流量计　　　　M1-5　孔板流量计

孔板流量计的工作原理,可根据流动流体的机械能相互转化关系来说明。如图 1-21,当流体流过孔板的孔口时,由于流通截面积突然减小,动能增加,静压强降低,于是在孔板前后便产生了压强差,而且流体的流量越大,压强差越大;反之,压强差减小。所以可利用压强计上的读数 R 来计算管路中流体的流量。在截面 $1—1'$ 与 $0—0'$ 间列伯努利方程式,经推导整理,得到流量的计算式为

$$q_v = C_0 A_0 \sqrt{\frac{2Rg(\rho_A - \rho)}{\rho}} \tag{1-33}$$

式中　q_v——管路中流体的流量,m³/s;
　　　C_0——孔板流量计的流量系数或孔流系数,无单位,其值可由实验测定或从手册中查得,设计合适的孔板流量计,其值约在 $0.6 \sim 0.7$ 之间;

A_0——孔板的孔口截面积，m^2；

ρ_A——指示液的密度，kg/m^3；

ρ——被测流体的密度，kg/m^3；

R——U 形管压差计的读数，m；

g——重力加速度，m/s^2。

孔板流量计是一种容易制造的简单装置。当流量有较大变化时，为了调整测量条件，调换孔板亦很方便，所以应用十分广泛。其主要缺点是能量损失较大，并随 A_0/A_1 的减小而加大。而且孔口边缘容易腐蚀和磨损，所以流量计应定期进行校正。孔板流量计应安装在流体流动平稳的地方，通常要求上游有（15～40）d 长的直管段，下游有 $5d$ 长的直管段作为稳定段。

二、文丘里流量计

为了减少流体流经上述孔板时的能量损耗，可用一段渐缩渐扩的短管代替孔板，这种管称为文丘里管，用这种管构成的流量计称为文丘里流量计或文氏流量计，如图 1-22 所示。一般 $\alpha_1 = 15° \sim 20°$，$\alpha_2 = 5° \sim 7°$。由于有渐缩段和渐扩段，使流体在其内的流速改变平缓，涡流较少，喉管处增加的动能可于其后渐扩段中大部分转化成静压能，所以能量损失可大为减少。

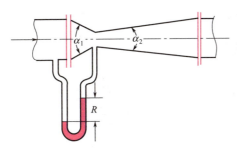

图 1-22　文丘里流量计

M1-6　文丘里流量计

文丘里流量计的流量计算式与孔板流量计相类似，即

$$q_v = C_0 A_0 \sqrt{2Rg(\rho_A - \rho)/\rho} \tag{1-34}$$

式中　C_0——文丘里流量计的流量系数，无单位，其值可由实验测定或从手册中查得。在湍流时，一般可取 0.98（直径 50～200mm 的管）或 0.99（直径 200mm 以上的管）；

　　　A_0——喉管的截面积，m^2；

　　　ρ_A——指示液的密度，kg/m^3；

ρ——被测流体的密度，kg/m^3；

R——U 形管压差计的读数，m；

g——重力加速度，m/s^2。

文丘里流量计的优点是能量损失小，但其各部分尺寸要求严格，需要精细加工，所以造价较高。

三、转子流量计

转子流量计的构造如图 1-23 所示。它是由一个上粗下细但相差不太大的锥形玻璃管（或透明塑料管）和一个比被测流体密度大的转子（或称浮子）所构成。转子一般用金属或塑料制成，其上部平面略大，有的刻有斜槽，操作时可发生旋转，故称为转子。流体自底端进入，从顶端流出。

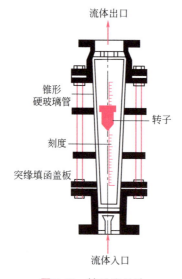

图 1-23 转子流量计

M1-7 转子流量计

当流体自下而上流过垂直的锥形管时，转子受到两个力的作用：一是垂直向上的推动力，它等于流体流经转子与锥管间的环形截面所产生的压力差，这是因为在截面较小处流速增大，而使静压强减小，从而使得转子底面上所受到的流体静压强较其顶面上的静压强为大。这个压力差就托起转子，使转子上升。另一个是垂直向下的静重力，它等于转子所受的重力减去流体对转子的浮力。当流体流量加大使压力差大于转子的净重力时，转子就上升，转子升起后，其环隙截面积随之增大，从而降低了环隙内的流速，而增加了转子顶面上的静压强，当转子的底面和顶面所受的压力差与转子重量平衡时，转子就停留在一定的高度处。如果流量减小，转子将在较低位置上达到平衡，因此转子悬浮位置，随流量而变化。

流体的流量越大，其平衡位置越高，所以转子位置的高低即表示了流体流量的大小，其流量可由转子的上缘从管壁外表面上的刻度读出。

转子流量计的刻度是针对某一流体的，在出厂前均进行过标定。通常，用于液体的转子流量计是以 20℃水作为标定刻度的依据；用于气体的是以 20℃及 101.3kPa 的空气作为标定刻度的依据。所以当用于测定其他流体时，则需要对原有的刻度加以校正。

转子流量计读取流量方便，测量精度高，能量损失小，能适应于腐蚀性流体的测量（因为转子可用各种耐腐蚀性材料制成），所以应用很广。但因管壁大多为玻璃制品，易破碎，所以不能耐高温及高压，在操作时也应缓慢启闭阀门，以防转子的突然升降而击碎玻璃管。转子流量计在安装时不需要很长的稳定段，但必须垂直安装在管路上，而且流体必须是下进上出。

思考题

1-1　什么叫密度、相对密度和比体积？它们之间的相互关系是什么？

1-2　流体压强的定义是什么？压强的常用单位有哪几种？换算关系是什么？

1-3　绝对压强、表压强和真空度与大气压的关系是什么？

1-4　黏度的常用单位有哪几种？换算关系是什么？

1-5　液体和气体的黏度随温度的变化规律是什么？

1-6　静止流体内部压强的变化规律是什么？如何判断等压面？

1-7　什么叫稳定流动和不稳定流动？

1-8　流量方程式和连续性方程式如何表示？

1-9　说明伯努利方程式的物理意义。

1-10　压头的概念是什么？

1-11　流体有哪几种流动类型？如何判断？

1-12　什么是层流内层？层流内层的厚度随 Re 如何变化？

1-13　什么叫当量直径？它有什么用处？能否用它来计算非圆形管的截面积？

1-14　计算管路中局部阻力的方法有哪几种？

1-15　降低流体阻力的途径有哪些？

1-16　试述孔板流量计、文丘里流量计和转子流量计的工作原理。

习　题

1-1　已知丙酮的相对密度为 0.81。试求它的密度和比体积。

1-2　苯和甲苯的混合液，苯的质量分数为 0.4。试求在 20℃时的密度。

1-3　试计算 CO_2 在 360K 和 4MPa 时的密度和比体积。

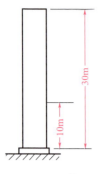

习题 1-7 附图

1-4 氮和氢混合气体中，氮的体积分数为 0.25。求此混合气体在 400K 和 5MPa 时的密度。

1-5 某生产设备上真空表的读数为 100mmHg。已知该地区大气压强为 750mmHg。试计算设备内的绝对压强与表压强各为若干（kPa）？

1-6 某水泵进口管处真空表读数为 650mmHg，出口管处压强表读数为 2.5at。试求水泵前后水的压强差为多少（at）？多少米水柱？

1-7 某塔高 30m(如附图)，现进行水压试验时，离底 10m 高处的压强计读数为 500kPa。当地大气压强为 100kPa 时，求塔底及塔顶处水的压强。

1-8 水的密度为 1000kg/m³，当大气压强是 760mmHg 时，问位于水面下 6m 深处的绝对压强是多少？

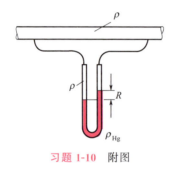

习题 1-10 附图

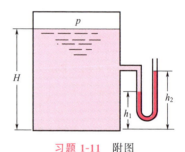

习题 1-11 附图

1-9 用 U 形管压差计测定管路两点的压强差。管中气体的密度为 2kg/m³，压差计中指示液为水（设水的密度为 1000kg/m³），压差计中指示液读数为 500mm。试计算此管路两侧点的压强差，以 kPa 表示。

1-10 某水管的两端设置一水银 U 形管压差计以测量管内的压差（如附图），指示液的读数最大值为 2cm。现因读数值太小而影响测量的精确度，拟使最大读数放大 20 倍左右，试问应选择密度为多少的液体为指示液？

1-11 用 U 形管压差计测量某密闭容器中相对密度为 1 的液体液面上的压强，压差计内指示液为水银，其一端与大气相通（如附图）。已知 $H=4m$，$h_1=1m$，$h_2=1.3m$。试求液面上的表压强为多少（kPa）？

1-12 水密度为 1000kg/m³，已知大气压强为 100kPa。混合冷凝器在真空下操作，如真空度为 66.7kPa(如附图)。试计算（1）设备内的绝对压强为多少（kPa）？（2）如果此设备管子下端插入水池中，管中水柱高度 H 为多少米？

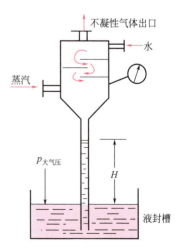

习题 1-12 附图

1-13 管子内直径为 100mm，当 4℃ 的水流速为 2m/s 时，试求水的体积流量（m³/h）和质量流量（kg/s）。

1-14 N_2 流过内径为 150mm 的管道，温度为 300K，入口处压强为 150kPa，出口处压强为 120kPa，流速为 20m/s。求 N_2 的质量流速和入口处的流速。

1-15 管内输送的是 20℃ 的 25% $CaCl_2$ 的水溶液，其质量流量为 5000kg/h。试按有缝钢管规格选择适宜的普通级管子型号。

1-16 硫酸流经由大小管组成的串联管路，硫酸的相对密度为 1.83，体积流量为 150L/min，大小管尺寸分别为 $\phi76mm\times4mm$ 和 $\phi57mm\times3.5mm$，试分别求硫酸在小管和大管中的（1）质量流量；（2）平均流速；（3）质量流速。

1-17 水经过内径为 200mm 管子由水塔流向用户。水塔内的水面高于排出管端 25m，且维持水塔中水位不变。设管路全部能量损失为 $24.5mH_2O$，试求由管子排出的水量为若干（m³/h）？

1-18 用离心泵把 20℃ 的水从清水池送到水洗塔顶部，塔内的工作压强为 392.4kPa（表压），操作温度为 35℃，清水池的水面在地面以下 3m 保持恒定，水洗塔顶高出地面 11m。水洗塔供水量为 350m³/h，水管直径为 $\phi325mm\times6mm$，水从水管进口处到塔顶出口的压头损失估计为 $10mH_2O$。若大气压为 100kPa，水的密度可取 1000kg/m³，问此泵对水提供的有效压头应为多少？

1-19 甲烷以 1700m³/h 的体积流量在一水平变径管中流过。此管的内径由 200mm 逐渐缩小到 100mm。在粗细两管上连有一 U 形管压差计，指示液为水。设缩小部分能量损失为零，甲烷的密度为 0.645kg/m³。问当甲烷气体流过时，U 形管两侧的指示液水面哪侧较高？相差多少（mm）？

1-20 用压缩空气将封闭贮槽中的硫酸输送到高位槽。在输送结束时，两槽的液面差为 4m，硫酸在管中的流速为 1m/s，管路的能量损失为 15J/kg，硫酸的密度为 1800kg/m³。求贮槽中应保持多大的压强？

1-21 本题附图为 CO_2 水洗塔供水系统。水洗塔内绝对压强为 2100kPa，贮槽水面绝对压强为 300kPa。塔内水管与喷头连接处高于水面 20m，管路为 $\phi57mm\times2.5mm$ 钢管，送水量为 15m³/h。塔内水管与喷头连接处的绝对压强为 2250kPa。设损失能量为 49J/kg。试求水

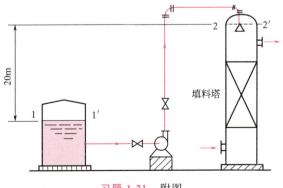

习题 **1-21** 附图

1-22 10℃的水在内径为 25mm 钢管中流动,流速 1m/s。试计算其 Re 数值并判定其流动类型。

1-23 由一根内管及外管组合成的套管换热器,已知内管为 $\phi 25mm \times 1.5mm$,外管为 $\phi 45mm \times 2mm$。套管环隙间通以冷却用盐水,其流量为 2500kg/h,密度为 1150kg/m³,黏度为 1.2mPa·s。试判断盐水的流动类型。

1-24 水在 $\phi 38mm \times 1.5mm$ 的水平钢管内流过,温度是 20℃,流速是 2.5m/s,管长是 100m。求直管阻力为若干(mH_2O)及压强降(kPa)。

1-25 一定量的液体在圆形直管内作滞流流动。若管长及液体物性不变,而管径减至原有的 1/2,问因流动阻力而产生的能量损失为原来的若干倍?

1-26 某原料液以 50m³/h 的流量在 $\phi 108mm \times 4mm$ 的钢管中流过,原料液的密度为 900m³/h,黏度为 1.5mPa·s。管路上装有 90°标准弯头二个,标准截止阀(全开)一个,直管长度为 20m。试求原料液流过该管路时的能量损失。

1-27 如图所示,用泵将贮槽中的某油品以 25m³/h 的流量输送到高位槽。两槽的液面差为 20m。输送管内径为 100mm,管子总长度为 120m(包括各种局部阻力的当量长度在内)。设两槽液面恒定。油品的密度为 890kg/m³,黏度为 50mPa·s。试计算泵的有效功率。

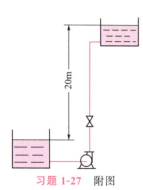

习题 1-27 附图

第二章

流体输送

流体的输送是化工过程中重要的单元操作之一。由于在化工生产中常采用流体状态的物料进行操作，所以在产品加工过程中就需将流体送入反应器或其他化工设备，或将流体从一处送往另一处，有时还需提高流体的压强或将设备造成真空，以满足化学反应过程或单元操作的要求。

化工厂里被输送的流体是多种多样的，流体的性质也各有不同。例如，强腐蚀性的、高黏度的、含有固体悬浮物的等。此外，在操作条件和输送量等方面，有时也有较大的差别，这就要求所选用的流体输送设备能满足生产上各种不同的需要。

本章内容即结合化工生产的特点，讨论各种流体输送设备的操作原理、主要结构与性能，以便能合理地选择和使用这些设备，达到化工生产中对流体输送的目的与要求。

第一节　化工管路

化工管路是化工生产中所使用的各种管路的总称，其主要作用是用来输送流体介质。化工管路一般由管子、管件、阀门、管架等组成。管路的费用在设备费用中占有相当大的比例，所以有必要了解化工管路的基本知识。

一、管子、管件与阀门

1. 管子

（1）**钢管**　用于制造钢管的常用材料有普通碳素钢、优质碳素钢、低合金钢和不锈钢等。按制造方式又可分为有缝钢管和无缝钢管。

① 有缝钢管　又称为焊接钢管，一般由碳素钢制成。有缝钢管分水煤气钢管、直缝电焊管和螺旋缝焊管三种，使用最广泛的是水煤气钢管。

水煤气钢管分为镀锌管及黑铁管（不镀锌管）两种。常用作水、煤气、天然气、低压蒸汽和冷凝液以及无浸蚀的物料管路。水煤气管的规格以公称直径（DN）表示。公称直径是为了设计、制造和维修的方便而人为规定的一种标准直径，它既不是管子的内径，也不是管子的外径，而是与其相接近的整数。例如公称直径为 100mm 的水煤气管，可表示为 $DN100mm$，它的外径为 114mm，内径为 106mm。

② 无缝钢管　特点是质地均匀、强度高、韧性好，可用于输送有压强的物料，如水蒸气、高压水及高压气体等。按轧制方法不同，无缝钢管分为热轧管和冷轧管两种。无缝钢管的规格用 ϕ 外径×壁厚表示。如 $\phi108mm \times 4mm$ 的无缝钢管，表示外径为 108mm，壁厚为 4mm。

M2-1　青霉素实训车间全景

(2) **铸铁管**　铸铁管可分为普通铸铁管和硅铁管两大类。

① 普通铸铁管　由灰铸铁铸造而成。铸铁中含有耐腐蚀的硅元素和微量石墨，具有较强的耐蚀性能。普通铸铁管常用作埋入地下的给、排水管，煤气管道等。由于铸铁组织疏松，质脆强度低，不能用于压强较高或有毒易爆介质的管路上。

② 硅铁管　是指含碳 0.5%～1.2%，含硅 10%～17% 的铁硅合金，由于硅铁管表面能形成坚固的氧化硅保护膜，因而具有很好的耐腐蚀性能，特别是耐多种强酸的腐蚀。

(3) **有色金属管**

① 铜管　铜管有紫铜管和黄铜管两种。紫铜管含铜量为 99.5%～99.9%，黄铜管材料则为铜和锌的合金。铜管（即紫铜管）导热性好，适用于制造换热器的管子，又因其展性好，易弯曲成型，故油压系统、润滑系统常以铜管传送有压的液体。铜管还适用于低温管路。加入锡的黄铜管在海水管路上也广为应用。

② 铅管　常用铅管有软铅管和硬铅管两种。软铅管用含铅量在 99.95% 以上的纯铅制成，硬铅管由铅锑合金制成。铅管硬度小，密度大，具有良好的耐蚀性，在化工生产中主要用来输送浓度在 70% 以下的冷硫酸，浓度 40% 以下的热硫酸和浓度 10% 以下的冷盐酸。由于铅的强度和熔点较低，故使用温度一般不得超过 140℃。

③ 铝管　铝管由铝的纯度决定其耐蚀性，广泛用作浓硝酸和浓硫酸管路，但不耐碱。由于铝管导热性好，也常用来制造换热设备。小直径铝管可代替铜管传送有压流体。使用温度不超过 160℃。

(4) **非金属管**

① 陶瓷管　其特点为耐腐蚀性强，除氢氟酸和高温碱、磷酸外，几乎对所

有的酸类、氯化物、有机溶剂均具有抗腐蚀作用。但是性脆，机械强度低，不耐压及不耐温度剧变。一般用于输送小于 150℃，压强为常压或一定真空度的强腐蚀性的介质。

② 塑料管　材料有酚醛塑料、聚氯乙烯、聚甲基丙烯酸甲酯、增强塑料（玻璃钢）、聚乙烯及聚四氟乙烯等。塑料管的特点是抗蚀性好、质轻、加工容易，其中热塑性塑料可任意弯曲或延伸以制成各种形状。缺点是耐热性差，强度低。

（5）**复合管**　复合管指的是金属与非金属两种材料复合得到的管子。最常见的形式是衬里管，它是为了满足降低成本、增加强度和防腐的需要，在一些管子的内层衬以适当的材料，如金属、橡胶、塑料、搪瓷等而形成的。

2. 管件

把管子安装成管路时，需要接上各种构件，使管路能够联接、拐弯和分叉，这些构件如短管、弯头、三通、异径管等，通常称为管路附件，简称管件。按其功用，可大致分为五类：

（1）改变管路的方向，如图 2-1 中的 1、3、6、13 各种管件；
（2）连接管路支管，如图 2-1 中的 2、4、5、7、12 各种管件；
（3）改变管路的直径，如图 2-1 中的 10、11 等；
（4）堵塞管路，如图 2-1 中的 8 及 14；

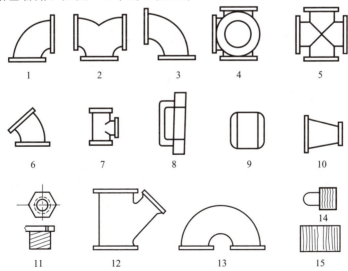

图 2-1　管件
1—90°肘管或称弯头；2—双曲肘管；3—长颈肘管；4—偏面四通管；5—四通管；6—45°肘管或弯头；
7—三通管；8—管帽；9—轴节或内牙管；10—缩小连接管；11—内外牙；12—Y 形管；
13—回弯头；14—管塞或丝堵；15—外牙管

(5) 连接两管，如图 2-1 中的 9 及 15。

除上述各种管件外还有多种样式，此不详述。各种管件必须与相当规格的管子相连接，因而管件与管子一样均有一定的标准规格，这可在有关手册中查到。

3. 阀门

在管路中用作调节流量、切断或切换管路以及对管路起安全、控制作用的管件，通常称为阀门。各种阀门的选用和规格可从有关手册和样本中查到。下面仅对化工厂中最常见的几种阀作一些简单介绍。

(1) **闸阀**　闸阀有时也叫闸板阀，其结构原理可用图 2-2 表示。它是利用阀体内闸门的升降以开关管路的。图 2-2 中所示为常用的楔形闸门。图中闸门位置表示管道完全关闭的情况。转动手轮时，闸门上升而使流体流过。

闸阀形体较大，造价较高，但当全开时，流体阻力小，常用作大型管路的开关阀，不适用于控制流量的大小及有悬浮物的液体管路上。

(2) **截止阀**　截止阀又称球心阀，其结构原理可用图 2-3 表示。它是利用圆形阀盘在阀杆的升降时，改变其与阀座间的距离，以开关管路和调节流量。图中阀盘位置表示全关的情况。截止阀对流体的阻力比闸阀要大得多，但比较严密可靠。截止阀在管路中的主要作用是截断和接通流体，不宜长期用于调节流量。截

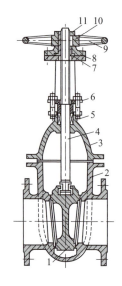
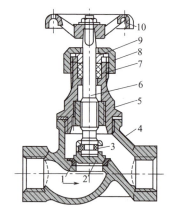

图 2-2　闸阀

1—楔式闸板；2—阀体；3—阀盖；
4—阀杆；5—填料；6—填料压盖；
7—套筒螺母；8—压紧环；9—手轮；
10—键；11—压紧螺母

图 2-3　截止阀

1—阀座；2—阀盘；3—铁丝圈；
4—阀体；5—阀盖；6—阀杆；
7—填料；8—填料压盖螺帽；
9—填料压盖；10—手轮

M2-2　阀门的结构原理

止阀可用于水、蒸汽、压缩空气等管路,但不宜用于黏度大及有悬浮物的流体管路。流体的流动方向应该是从下向上通过阀座。

(3) **节流阀（调节阀）** 它是属于截止阀的一种,如图 2-4 所示。它的结构和截止阀相似,所不同的是阀座口径小,同时用一个圆锥或流线形的阀头代替图 2-3 中的圆形阀盘,可以较好地控制、调节流体的流量,或进行节流调压等。该阀制作精度要求较高,密封性能好。主要用于仪表、控制以及取样等管路中,不宜用于黏度大和含固体颗粒介质的管路中。

(4) **旋塞** 旋塞也叫考克,其结构原理如图 2-5 所示。它是利用阀体内插入

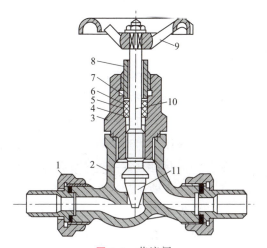

图 2-4 节流阀

1—活管接；2—阀体；3—阀盖；4—填料座；
5—中填料；6—上填料；7—填料垫；
8—填料压紧螺母；9—手轮；
10—阀杆；11—阀芯

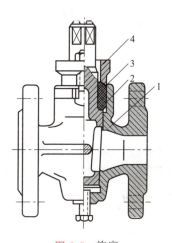

图 2-5 旋塞

1—阀体；2—栓塞；3—填料；4—填料压盖

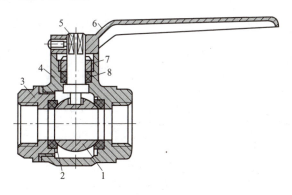

图 2-6 球阀

1—浮动球；2—固定密封阀座；3—阀盖；4—阀体；5—阀杆；6—手柄；
7—填料压盖；8—填料

一个中央穿孔的锥形旋塞来启闭管路或调节流量,旋塞的开关常用手柄而不用手轮。图 2-5 表示全关的位置,旋转 90°后就是全开的位置。其优点为结构简单,开关迅速,流体阻力小,可用于有悬浮物的液体,但不适用于调节流量,亦不宜用于压强较高、温度较高的管路和蒸汽管路中。

(5) **球阀**　球阀又称球心阀,如图 2-6 所示。它是利用一个中间开孔的球体作阀心,依靠球体的旋转来控制阀门的开关。它和旋塞相仿,但比旋塞的密封面小,结构紧凑,开关省力,远比旋塞应用广泛。

(6) **隔膜阀**　常见的有胶膜阀,如图 2-7 所示。这种阀门的启闭密封是一块特制的橡胶膜片,膜片夹置在阀体与阀盖之间。关闭时阀杆下的圆盘把膜片压紧在阀体上达到密封。这种阀门结构简单,密封可靠,便于检修,流体阻力小,适用于输送酸性介质和带悬浮物质流体的管路中。一般不宜用于温度高于 60℃及输送有机溶剂和强氧化介质的管路中,也不宜在较高压强的管路中使用。

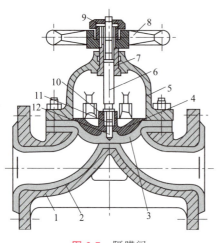

图 2-7　隔膜阀
1—阀体;2—衬胶层;3—橡胶隔膜;4—阀盘;
5—阀盖;6—阀杆;7—套筒螺母;8—手轮;
9—锁母;10—圆柱销;11—螺母;12—螺钉

(7) **止回阀**　止回阀又称单向阀,如图 2-8 所示,其作用是只允许流体向一个方向流动,一旦流体倒流就自动关闭。止回阀按结构不同,分为升降式和旋启

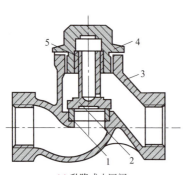

(a) 升降式止回阀

1—阀座;2—阀盘;3—阀体;
4—阀盖;5—导向套筒

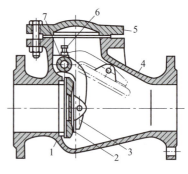

(b) 旋启式止回阀

1—阀座密封圈;2—摇板;3—摇杆;
4—阀体;5—阀盖;6—定位紧固螺钉与锁母;
7—枢轴

图 2-8　止回阀

式两类。升降式止回阀的阀盘是垂直于阀体通道作升降运动的，一般安装在水平管路上，立式的升降式止回阀则应安装在垂直管路上；旋启式止回阀的摇板是围绕密封面作旋转运动，一般安装在水平管路上。止回阀一般适用于清净介质的管路中，对含有固体颗粒和黏度较大的介质管路中，不宜采用。

（8）**安全阀** 安全阀是一种截断装置，当超过规定的工作压强时，它便自动开启，而当恢复到原来压强时，则又自动地关闭。其用于预防蒸汽锅炉、容器和管路内压强升高到规定的压强范围以外。

安全阀可分为两种类型，即重锤式和弹簧式，如图 2-9 所示。

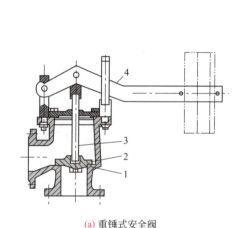
(a) 重锤式安全阀
1—阀座；2—阀芯；3—阀杆；4—附有重锤的杠杆

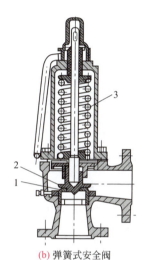
(b) 弹簧式安全阀
1—阀座；2—阀芯；3—弹簧

图 2-9 安全阀

弹簧式安全阀，主要依靠弹簧的作用力达到密封。当设备或管内压强超过弹簧的弹力时，阀芯被介质顶开，内部流体排出，使压强降低。一旦内部压强降到与弹簧压强平衡时，阀门则自动关闭。此阀一般应用在移动式设备上和不能水平安装杠杆式安全阀的地方。而重锤式安全阀，主要靠杠杆上重锤作用力来达到密封。在最大的允许压强下，流体加于阀芯上的压强为杠杆上重锤所平衡，而当超过了规定的压强时，阀芯便被顶起离开了阀座，使流体与外界相通。杠杆式安全阀多用在固定式设备上。

（9）**疏水阀** 疏水阀又称冷凝水排除阀，俗称疏水器，用于蒸汽管路中，能自动间歇排除冷凝液，并能阻止蒸汽泄漏。疏水阀的种类很多，目前广泛使用的是热动力式疏水阀，如图 2-10 所示。

温度较低的冷凝水在加热蒸汽压强的推动下流入图中的通道 1，将阀片顶开，由排水孔 2 流出。当冷凝水将要排尽时，排出液中则夹带较多的蒸汽，于是

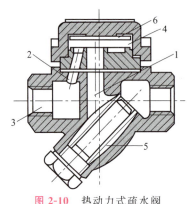

图 2-10　热动力式疏水阀
1—冷凝水入口；2—冷凝水出口；
3—排出管；4—背压室；
5—滤网；6—阀片

温度升高，促使阀片上方的背压升高。同时蒸汽流过阀片与底座之间的环隙中造成减压，阀片则因自身重量及上下压差作用的结果使阀片下落，于是切断了进出口之间的通道。经过片刻后，由于疏水阀向四周围环境散热，则使阀片上背压室内的蒸汽部分冷凝而使背压下降，于是阀片又重新开启，实现周期性排水。如此循环排水阻汽。

二、管路的连接

管路的连接包括管子与管子、管子与各种管件、阀门及设备接口等处的连接。目前比较普遍采用的有：承插式连接、螺纹连接、法兰连接及焊接连接。

1. 承插式连接

铸铁管、耐酸陶瓷管、水泥管常用承插式连接。管子的一头扩大成钟形，使一根管子的平头可以插入。环隙内通常先填塞麻丝或石棉绳，然后塞入水泥、沥青等胶合剂。它的优点是安装方便，允许两管中心线有较大的偏差，缺点是难于拆除，高压时不可靠。

2. 螺纹连接

螺纹连接常用于水、煤气管。管端有螺纹，可用各种现成的螺纹管件将其连接而构成管路。螺纹连接通常仅用于小直径的水管、压缩空气管路、煤气管路及低压蒸汽管路。

用以连接直管的管件常用的有管箍和活络管接头。

3. 法兰连接

法兰连接是常用的连接方法。优点是装拆方便，密封可靠，适用的压强、温度与管径范围很大。缺点是费用较高。铸铁管法兰是与管身同时铸成，钢管的法兰可以用螺纹接合，但最方便还是用焊接法固定。法兰连接时，两法兰间需放置垫圈起密封作用。垫圈的材料有石棉板、橡胶、软金属等，随介质的温度、压强而定。如浸过油的厚纸板适用于≤392kPa（表压），温度不超过120℃的水和无腐蚀的气体和液体；石棉、橡胶板主要适用于450℃以下和4900kPa（表压）以下的水蒸气，高压管路的密封则用金属垫圈，常用的有铝、铜、不锈钢等。

4. 焊接连接

焊接法较上述任何连接法都经济、方便、严密。无论是钢管、有色金属管、聚氯乙烯管均可焊接，故焊接连接管路在化工厂中已被广泛采用，且特别适宜于长管路。但对经常拆除的管路和对焊缝有腐蚀性的物料管路，以及不允许动火的车间中安装管路时，不得使用焊接。焊接管路中仅在与阀件连接处要使用法兰连接。

三、管路的热补偿

管路两端固定，当温度变化较大时，就会受到拉伸或压缩，严重时可使管子弯曲、断裂或接头松脱。因此，承受温度变化较大的管路，要采用热膨胀补偿器。一般温度变化在32℃以上，便要考虑热补偿，但管路转弯处有自动补偿的能力，只要两固定点间两臂的长度足够，便可不用补偿器。化工厂中常用的补偿器有凸面式补偿器和回折管补偿器。

1. 凸面式补偿器

凸面式补偿器可以用钢、铜、铝等韧性金属薄板制成。图 2-11 表示两种简单的形式。管路伸、缩时，凸出部分发生变形而进行补偿。此种补偿器只适用于低压的气体管路（由真空到表压为 196kPa）。

2. 回折管补偿器

回折管补偿器的形状如图 2-12 所示。此种补偿器制造简便，补偿能力大，在化工厂中应用最广。回折管可以是外表光滑的如图 2-12(a) 所示，也可以是有褶皱的如图 2-12(b) 所示。前者用于管径小于 250mm 的管路，后者用于直径大于 250mm 的管路。回折管和管路间可以用法兰或焊接连接。

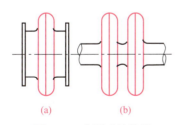

图 2-11　凸面式补偿器

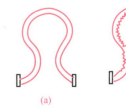

图 2-12　回折管补偿器

四、管路布置的基本原则

化工厂的管路为了便于安装、检修和操作管理，多数是明线敷设的。管路布置应考虑到减少基建投资、保证生产操作安全、便于安装和检修、节约动力消耗、美观整齐等。其基本原则如下。

当机器设备的管口确定之后，首先要考虑管路的走向，在工艺条件允许的前提下，管路要尽量短、管件结构要简单，数量要少；管路中应避免不必要的转弯和管径变化等阻碍管内介质畅流的结构，以使管路阻力损失达到最小。

在确定管路的具体位置时，必须考虑操作、检查、检修工作的顺利进行。如管路的空间高度、管件和阀门等与地面、墙壁的距离要合适。管路与管路平行或交错时，其相互距离都要适当。

要按管路内输送介质的特性确定管路的结构特点。如热管路与冷管路之间，应保持一定的空间距离；衬橡胶管和聚氯乙烯管应避开热的管路；对于输送腐蚀性介质的管路不要敷设在别的管路上面；对于蒸汽管及温度变化较大的热管路应采取热补偿措施；对于有凝液的管路应设置凝液排出装置。

管路的管件、阀门应减少非标准的特殊结构，尽量采用标准件，以利于管路的安装和维修。

以上各条都是一般原则，在具体考虑管路布置时，可参考有关资料进行具体安排。在实际工作中要多方面地综合考虑，进行相互比较，然后得出一个合理的方案，这是一件比较复杂细致的工作，此不详述。

第二节　液体输送机械

化工厂中所用的液体输送机械（泵）种类很多，若以工作原理不同可分为"速度式"和"容积式"两大类。**速度式液体输送机械**主要是通过高速旋转的叶轮，或高速喷射的工作流体传递能量，其中有离心泵、轴流泵和喷射泵；**容积式液体输送机械**则依靠改变容积来压送与吸取液体，容积式泵按其结构的不同可分为往复活塞式和回转活塞式，其中有往复泵、计量泵和齿轮泵等。

一、离心泵

1. 离心泵的工作原理和主要部件

（1）工作原理　离心泵是一种叶片式泵。图 2-13 所示为一台离心泵的装置简图。其基本结构是高速旋转的叶轮 1 和固定的蜗牛型泵壳 2，叶轮紧固在泵轴 3 上，并随轴由外界动力驱动作高速旋转。泵的吸入口 4 与吸入管 5 相连接，排出口 8 与排出管 9 相连接。泵运转时液体由入口 4 沿轴向垂直地进入叶轮中央，在叶片间通过而进入泵壳，最后从排出口 8 排出。吸入管路的末端有单向底阀 6 及滤网 7，前者是用以防止停车时泵内液体倒流回到贮槽，而后者是用以防止杂物进入泵壳或管路。排出管路上装有调节阀 10，用以调节泵的流量。

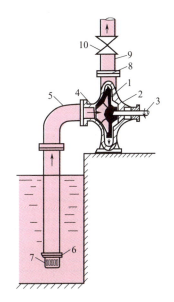

图 2-13 离心泵的装置简图
1—叶轮；2—泵壳；3—泵轴；4—吸入口；5—吸入管；6—单向底阀；7—滤网；8—排出口；9—排出管；10—调节阀

M2-3 离心泵输送技术

M2-4 离心泵实物图

离心泵的工作原理如下。在启动前，需先向泵壳内灌满被输送的液体。在启动后，泵轴就带动叶轮一起旋转。此时，处在叶片间的液体在叶片的推动下也旋转起来，因而液体便获得了离心力。在离心力的作用下，液体以极高的速度（15～25m/s）从叶轮中心抛向外缘，获得很高的动能，液体离开叶轮进入泵壳后，由于泵壳中流道逐渐加宽，液体的流速逐渐降低，又将部分动能转变为静压能，使泵出口处液体的压强进一步提高，而从泵的排出口进入排出管路，输送到所需要的地方。这就是离心泵排液过程的工作原理。

当泵内液体从叶轮中心被抛向外缘时，在中心处形成低压区，这时贮槽液面上方在大气压强的作用下，液体便经过滤网 7 和单向底阀 6 沿吸入管 5 而进入泵壳内，以填充被排除液体的位置。这就是离心泵吸液过程的工作原理。

只要叶轮不断地转动，液体便不断地被吸入和排出，由此可见，离心泵之所以能输送液体，主要是依靠高速旋转的叶轮产生的**离心力**，使液体在离心力的作用下获得了能量，所以称为离心泵。

离心泵启动时，如果泵壳与吸入管路没有充满液体，在泵壳内充有空气，则由于空气的密度远小于液体的密度，叶轮带动空气旋转所产生的离心力，就不足以造成吸上液体所需的真空度，此时贮槽液面与泵入口处的静压差很小，不能推动液体流入泵内。此种由于泵内存气,启动离心泵而不能输送液体的现象称为气缚。从这还可以看出单向底阀 6 的另一个作用,它是一个单向阀,它可以保证第一次开泵时,使泵内容易充满液体。

(2) 离心泵的主要部件

① 叶轮　叶轮的作用是将原动机的机械能传给液体,提高液体的动能和静压能。叶轮按其机械结构可分为闭式、半开式和开式三种,如图 2-14 所示。图 2-14(a)为闭式叶轮,叶轮内有 4~12 片后弯曲形式的叶片 1,叶片两侧有前盖板 2 及后盖板 3。液体从叶轮中央入口进入后,经两盖板与叶片之间的流道而流向叶轮外缘。适用于输送不含杂质的清洁液体,效率高。图 2-14(b)为半开式叶轮,只有后盖板而无前盖板,适用于输送易沉淀或含有颗粒的物料,效率较低。图 2-14(c)为开式叶轮,叶片两侧均无盖板,制造简单,清洗方便,适用于输送含有较大量悬浮物的物料,但由于没有盖板,液体在叶片间运动时容易发生倒流,故效率低。

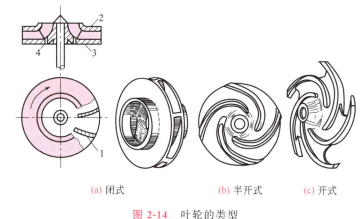

(a) 闭式　　(b) 半开式　　(c) 开式

图 2-14　叶轮的类型

1—叶片；2—前盖板；3—后盖板；4—平衡孔

M2-5　离心泵的结构

有一些闭式或半开式叶轮的后盖板上钻有小孔,把后盖板前后的空间连通起来,叫平衡孔,如图 2-14(a)中的 4 即是。这是因为叶轮工作时,离开叶轮的液体压力高,其中有一部分会渗到叶轮的后侧,而叶轮前侧是液体入口的低压区。这样液体作用于叶轮前后两侧的压力不等,必然产生一个将叶轮向流体吸入口方向推压的力,叫做轴向推力。在轴向推力的作用下使叶轮向吸入口侧窜动,于是引起叶轮与泵壳接触处磨损,严重时发生振动。平衡孔能使一部分高压液体泄漏到低压区,减小叶轮两侧的压差,从而起到消除一部分轴向推力的作用,但同时也会降低泵的效率。

按吸液方式的不同，叶轮可分为单吸式和双吸式两种。单吸式叶轮的结构简单，如图 2-15(a) 所示，液体只能从叶轮一侧被吸入。双吸式叶轮如图 2-15(b) 所示，液体可同时从叶轮两侧吸入。显然，双吸式叶轮具有较大的吸液能力，而且基本上消除了轴向推力。

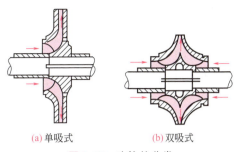

(a) 单吸式　　(b) 双吸式

图 2-15　叶轮的分类

② **泵壳**　离心泵的泵壳又称蜗壳，因为壳内壁与叶轮的外缘之间形成了一个截面积逐渐扩大的蜗牛壳形通道，如图 2-16 所示。叶轮在壳内顺着蜗形通道逐渐扩大的方向旋转，越接近液体出口，通道截面积越大。从叶轮外缘甩出的液体，在此通道内逐渐减速，减少了能量损失，且使相当大的一部分动能在这里转变为静压能。所以泵壳不仅是一个汇集和导出液体的部件，而且本身还是一个转能装置。

对于较大的泵，为了减少液体直接进入蜗壳时的碰撞，在叶轮与泵壳之间还装有一个固定不动而带有叶片的圆盘称为导轮，如图 2-17 所示，由于导轮具有很多逐渐转向的流道，使高速液体流过时能均匀而缓和地将动能转变为静压能，以减少能量损失。

 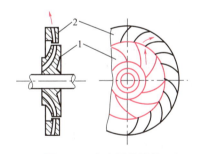

图 2-16　泵壳及泵壳内液体流动情况　　图 2-17　离心泵的导轮

1—叶轮；2—导轮

③ **轴封装置**　泵轴与壳之间的密封称为轴封，轴封的作用是防止泵内高压液体从泵壳内沿轴的四周而漏出，或者外界空气沿轴漏入泵壳内。常用的轴封装置有填料密封和机械密封两种。

a. 填料密封　填料密封的装置称作填料函，俗称盘根箱，如图 2-18 所示。图中 1 是和泵壳连在一起的填料函壳；2 是软填料，一般为浸油或涂石墨的石棉绳；4 是填料压盖，可用螺丝拧紧，把填料压紧在填料函壳与转轴之间，并迫使它变形来达到密封的目的；5是内衬套，以防止填料被挤入泵内。当填料函用于与泵吸入口相通时，泵壳与转轴接触处则是泵内的低压区，这时为了更好地防止空气从填料函不严密处漏入泵内，故在填料函内装有液封圈3，如图2-19所示。液封圈是一个金属环，环上开了一些径向的小孔，通过填料函壳上的小管可以和泵的排出口相通，使泵内高压液体顺小管流入液封槽内，以防止空气漏入泵内，所引入的液体还起到润滑、冷却填料和轴的作用。

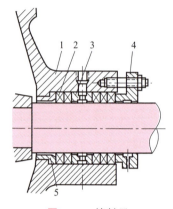

图 2-18　填料函
1—填料函壳；2—软填料；3—液封圈；
4—填料压盖；5—内衬套

图 2-19　液封圈

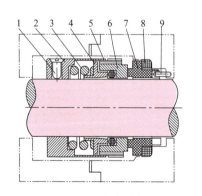

图 2-20　机械密封装置
1—螺钉；2—传动座；3—弹簧；4—推环；
5—动环密封圈；6—动环；7—静环；
8—静环密封圈；9—防转销

b. 机械密封　对于输送酸、碱以及易燃、易爆、有毒的液体，密封要求比较高，既不允许漏入空气，又力求不让液体渗出，近年来已多采用机械密封装置，如图2-20所示。它是由一个装在轴上的动环和另一个固定在泵壳上的静环所组成。在泵运转时，两环的端面借弹簧力的作用互相贴紧而作相对运动，起到密封的作用，故又称端面密封。

机械密封与填料密封比较，有以下优点：密封性能好，使用寿命长，轴不易被磨损，功率消耗小，其缺点是零件加工精度高，机械加工复杂，对安装的技术条件要求比较严格，装卸和更换零件也比较麻烦，价格也比填料函高得多。

2. 离心泵的主要性能参数与特性曲线

针对具体的液体输送任务，要选择合适规格的离心泵并使之安全高效运行，就需要了解泵的性能及其相互之间的关系。离心泵主要性能参数有流量、扬程、轴功率和效率等,而它们之间的关系则用特性曲线来表示。

(1) 离心泵的主要性能参数

① 流量　是指在单位时间内泵能排入到管路系统内的液体体积,以 q_v 表示,其单位为 L/s、m³/s 或 m³/h。离心泵流量与泵的结构、尺寸和转速有关。

② 扬程(压头)　是指泵对单位重量(1N)液体所提供的有效能量,以 H 表示,其单位为 J/N 或 m。扬程的大小取决于泵的结构、尺寸、转速和流量。

③ 功率和效率　单位时间内液体从泵所获得的能量,称为有效功率,以 N_e 表示,单位为 J/s 或 W。有效功率可用下式计算

$$N_e = q_v H \rho g \tag{2-1}$$

式中　q_v——泵的流量,m³/s;

　　　H——泵的扬程,m;

　　　ρ——被输送液体的密度,kg/m³;

　　　g——重力加速度,m/s²。

单位时间内泵轴从电动机所获得的能量,称为轴功率,以 N 表示,单位为 J/s 或 W。离心泵在运转时,由于轴承、填料函等机械摩擦,液体流经叶轮和泵壳时的流动阻力及其泄漏等,而要消耗一部分能量。所以电机传给泵轴的能量,不可能全部都传给液体成为有效能量,即泵的轴功率大于泵的有效功率。有效功率和轴功率之比,称为泵的效率,以 η 表示,即

$$\eta = \frac{N_e}{N} \tag{2-2}$$

离心泵的效率反映了泵对外加能量的利用程度。泵的效率与泵的大小、类型、制造精密程度和所输送液体的性质有关。一般小型泵的效率为 50%～70%,大型泵可达 90% 左右。

若式(2-1)中 N_e 以 kW 为单位,则泵的轴功率 N(kW) 为

$$N = \frac{q_v H \rho}{102 \eta} \tag{2-3}$$

(2) 离心泵的特性曲线　上面所述及离心泵的扬程、轴功率及效率都与流量有关。为了便于了解泵的性能,泵的制造厂通过实测而得出一组表明 H-q_v、N-q_v 和 η-q_v 关系的曲线,标绘在一张图上,称为离心泵的**特性曲线**或**工作性能曲线**,将此图附于泵样本或说明书中,供使用部门选用和操作时参考。

特性曲线一般都是在一定转速和常压下,以常温的清水为工质作实验测得的。

图 2-21 为 IS 100-80-125 型离心式水泵的特性曲线。各种型号的离心泵都各

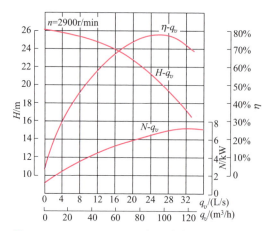

图 2-21 IS 100-80-125 型离心式水泵的特性曲线

有独自的特性曲线，但它们都有如下的共同点。

① H-q_v 曲线　表示泵的流量与扬程的关系，离心泵的扬程随流量的增加而下降（在流量极小时有例外）。

② N-q_v 曲线　表示泵的流量与轴功率的关系，离心泵的轴功率随流量的增大而上升，流量为零时轴功率最小。所以离心泵启动时，应关闭泵的出口阀门，使启动功率减少，以保护电机。

③ η-q_v 曲线　表示泵的流量与效率的关系，当 $q_v=0$ 时 $\eta=0$，随着流量的增大，效率随之而上升达到一个最大值，而后流量再增大，效率便下降。上述关系表明离心泵在某一定转速下，有一个最高效率点，称为**设计点**。泵在最高效率点相对应的流量及扬程下工作最为经济。所以与最高效率点对应的 q_v、H、N 值称为最佳工况参数，离心泵的铭牌上标出的性能参数就是上述的最佳工况参数。根据生产任务选用离心泵时，应尽可能地使泵在最高效率点附近运转，一般以泵的工作效率不低于最高效率的 92% 为合理。

例 2-1　在图例 2-1 所示的实验装置上，用 20℃ 的清水于 98.1kPa 的条件下测定离心泵的性能参数。泵的吸入管内径为 80mm，排出管内径为 50mm。实验测得一组数据为：泵入口处真空度为 72.0kPa，泵出口处表压为 253kPa，两测压表之间的垂直距离为 0.4m，流量为 19.0m³/h，电动机输入功率为 2.3kW，泵由电动机直接带动，电动机效率为 93%，泵的转速为 2900r/min。水的密度 $\rho=1000$kg/m³。试求该泵在操作条件下的压头、轴功率和效率，并列出泵的性能参数。

解 (1) 泵的压头 真空表和压强表所处位置的截面分别以 1—1′ 和 2—2′ 表示，在两截面间列以单位重量液体为衡算基准的伯努利方程，即

$$z_1 + \frac{p_1}{\rho g} + \frac{u_1^2}{2g} + H = z_2 + \frac{p_2}{\rho g} + \frac{u_2^2}{2g} + H_{f,1-2}$$

式中 $z_2 - z_1 = 0.4\text{m}$

$$\frac{p_1}{\rho g} = -\frac{72.0 \times 10^3}{1000 \times 9.81} = -7.34\text{m}$$

$$\frac{p_2}{\rho g} = \frac{253 \times 10^3}{1000 \times 9.81} = 25.79\text{m}$$

$$u_1 = \frac{4q_v}{\pi d_1^2} = \frac{4 \times 19.0}{3600 \times (0.08)^2 \times \pi}$$

$$= 1.05\text{m/s}$$

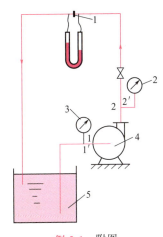

例 2-1 附图
1—流量计；2—压力表；3—真空计；
4—离心泵；5—贮槽

$$u_2 = u_1 \left(\frac{d_1}{d_2}\right)^2 = 1.05 \times \left(\frac{80}{50}\right)^2 = 2.69\text{m/s}$$

因两测压口间的管路很短，其间的流体流动阻力忽略不计，则 $H_{f,1-2} \approx 0$

得

$$H = 0.4 + 25.79 + 7.34 + \frac{2.69^2 - 1.05^2}{2 \times 9.81} = 33.84\text{m}$$

(2) 泵的轴功率 N 由于泵与电动机直联，传动效率可视为1，所以电动机输出功率等于泵的轴功率。电动机的输入功率为 2.3kW，电动机本身消耗一部分功率，其效率为 0.93，于是电动机的输出功率为

$$N = 0.93 \times 2.3 = 2.139\text{kW}$$

(3) 泵的效率 根据式(2-1)，泵的有效功率为

$$N_e = q_v H \rho g = \frac{19.0}{3600} \times 33.84 \times 10^3 \times 9.81 = 1752\text{W}$$

泵的效率为

$$\eta = \frac{N_e}{N} = \frac{1.752}{2.139} = 0.819 \text{ 即 } 81.9\%$$

泵的性能参数为：转速 2900r/min，流量 19m³/h，扬程 33.84m，轴功率 2.139kW，效率 81.9%。

在此题的实验中，如果改变泵出口阀的开度，分别测出各个不同流量下的有关数据，依上计算方法算出相应的 H、N 和 η 值，并将这些数据标绘于坐标纸上，即可得此泵在转速为 2900r/min 下的特性曲线。

3. 影响离心泵特性的因素

在化工生产中，所输送的液体是多种多样的，在使用同一台泵输送不同的液体时，由于各种液体的性质不同，泵的特性就要发生变化。当然，若泵的转速或叶轮直径改变，也会使泵的特性改变。现分别说明如下。

(1) 液体的密度　泵送液体的密度对离心泵的扬程、流量和效率均无影响。所以 H-q_v 与 η-q_v 曲线保持不变，但是泵的轴功率随液体密度而改变，因此当泵输送密度与常温清水不同的液体时，原生产部门对该泵所提供的 N-q_v 曲线不再适用，此时泵的轴功率应重新按式(2-3)进行换算。

(2) 液体的黏度　泵送液体的黏度比常温下清水的黏度越大，则液体在泵内的能量损失越大，泵的扬程、流量都要减小，效率下降，而轴功率增大，亦即泵的特性曲线发生改变。当输送液体的黏度与水的黏度相差较大时，泵的特性曲线应进行校正，校正方法可参阅有关手册。

(3) 离心泵的转速　离心泵的特性曲线都是在一定转速下测定的，但在实际使用时常会遇到要改变转速的情况，这时泵的扬程、流量、效率及轴功率也将随之改变。当液体的黏度不大，转速变化小于 20% 时，泵的流量、扬程、轴功率与转速的近似关系符合比例定律，即

$$\frac{q_{v1}}{q_{v2}}=\frac{n_1}{n_2} \qquad \frac{H_1}{H_2}=\left(\frac{n_1}{n_2}\right)^2 \qquad \frac{N_1}{N_2}=\left(\frac{n_1}{n_2}\right)^3 \tag{2-4}$$

式中　q_{v1}、H_1、N_1——转速为 n_1 时泵的性能；

q_{v2}、H_2、N_2——转速为 n_2 时泵的性能。

(4) 叶轮的直径　泵的制造厂为了扩大离心泵的适用范围，除配有原型号的叶轮外，常备有外直径略小的叶轮，此种做法称为离心泵叶轮的切割。对同一型号的泵，换用直径较小的叶轮时，泵的性能曲线将有所改变。当叶轮直径变化不大，而转速不变时，泵的流量、扬程、轴功率与叶轮直径之间的近似关系符合切割定律，即

$$\frac{q_{v1}}{q_{v2}}=\frac{D_1}{D_2} \qquad \frac{H_1}{H_2}=\left(\frac{D_1}{D_2}\right)^2 \qquad \frac{N_1}{N_2}=\left(\frac{D_1}{D_2}\right)^3 \tag{2-5}$$

式中　q_{v1}、H_1、N_1——叶轮直径为 D_1 时泵的性能；

q_{v2}、H_2、N_2——叶轮直径为 D_2 时泵的性能。

4. 离心泵的工作点和流量调节

离心泵在特定的管路中运行时，其实际的工作压头和流量不仅与离心泵本身的特性有关，还与管路的特性有关。所以在讨论泵的工作情况之前，应了解泵所在的管路特性。

（1）管路特性曲线　管路特性曲线是表示一定的管路系统所需的外加压头（或扬程）H_e 与流量 q_{ve} 之间关系的曲线。如图 2-22 所示的输送系统内，若贮液槽与受液槽的液面均维持恒定，且输送管路的直径不变。

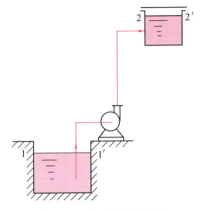

图 2-22　输送系统示意图

则液体流过管路系统所必需的压头（即要求泵提供的压头），可在图中所示截面 1—1′ 与 2—2′ 间列伯努利方程式而得，即

$$H_e = \Delta z + \frac{\Delta p}{\rho g} + \frac{\Delta u^2}{2g} + H_f \tag{2-6}$$

在固定的管路系统中，于一定条件下进行操作时，上式中 Δz 与 $\frac{\Delta p}{\rho g}$ 均为定值，令

$$A = \Delta z + \frac{\Delta p}{\rho g}$$

若贮液槽与受液槽的截面积都很大，两个截面处的流速都很小可以忽略不计，则 $\frac{\Delta u^2}{2g} \approx 0$。

管路系统的压头损失为

$$H_f = \lambda \frac{l + \Sigma l_e}{d} \times \frac{u^2}{2g} = \left(\frac{8\lambda}{\pi^2 g} \times \frac{l + \Sigma l_e}{d^5} \right) q_{ve}^2$$

而对于特定的管路，l、Σl_e、d 均为定值，湍流时摩擦系数 λ 的变化很小，于是令

$$B = \frac{8\lambda}{\pi^2 g} \times \frac{l + \Sigma l_e}{d^5}$$

所以，式(2-6) 可写成

$$H_e = A + B q_{ve}^2 \tag{2-6a}$$

式(2-6a) 就是**管路特性方程**。将式(2-6a) 在压头与流量的坐标图上进行标

绘，即得如图 2-23 所示的 H_e-q_{ve} 曲线，称为管路特性曲线。此线的形状由管路铺设的情况与操作条件来确定，与泵的性能无关。

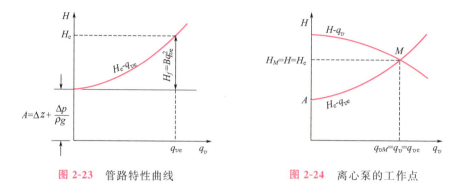

图 2-23　管路特性曲线　　　　图 2-24　离心泵的工作点

（2）离心泵的工作点　离心泵安装在一定管路上工作时，由于泵与管路是串联的，所以泵所提供的扬程与流量，必然与管路所需的压头与流量相一致。离心泵在一定转速下运转时，某一流量对应一定的扬程，即泵的工作点应在该泵的 H-q_v 性能曲线上。从管路来看，输送一定流量 q_{ve} 的液体所需的外加压头 H_e，应在管路 H_e-q_{ve} 特性曲线上。所以将泵的性能曲线 H-q_v 与其所在管路的特性曲线 H_e-q_{ve}，用同样的比例尺绘在同一张坐标图上，如图 2-24 所示，两线交点 M 所对应的流量和扬程，既能满足管路系统的要求，又为离心泵所提供，即 $q_v=q_{ve}$，$H=H_e$。换句话说，离心泵以一定的转速在此特定管路系统中运转时，只能在这一点工作，因为此点 M 表明流量 q_{ve} 的液体流经该管路时所需的外加压头 H_e 与泵在 $q_v=q_{ve}$ 时所提供的扬程 H，正好在这一点上统一起来。所以，M 点即是泵在此管路中的**工作点**。

（3）离心泵的流量调节　当离心泵在指定的管路上工作时，若工作点的流量与生产上要求的流量不一致时，就要对泵进行流量调节，实质上就是设法改变离心泵的工作点。既然泵的工作点为管路特性曲线和泵的性能曲线所决定，所以，改变两曲线之一均能达到调节流量的目的。

① 改变管路特性曲线　改变管路特性曲线最简单的方法是改变泵出口阀的开启程度，以改变管路中流体的阻力，从而达到调节流量的目的。如图 2-25 所示，当阀门关小时，管路的阻力加大，管路特性曲线变陡，工作点由 M 点移到 M_1 点，流量则由 q_v 减小到 q_{v1}。当阀门开大时，管路阻力减小，管路特性曲线变得平坦，工作点由 M 点移到 M_2 点，流量则由 q_v 增加到 q_{v2}。

用阀门调节流量迅速方便，且流量可以连续变化，适合化工连续生产的特点，所以应用十分广泛。其缺点是阀门关小时，流动阻力加大，要额外多消耗一些动力，此外当流量调节幅度较大时，离心泵往往不在高效区内工作，是不经济的。

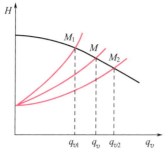

图 2-25　改变阀门开度时流量变化示意图

M2-6　改变管路特性曲线调节流量

② 改变泵的性能曲线

a. 改变泵的转数　根据离心泵的比例定律可知,如果泵的转速改变,其特性曲线也发生改变。如图 2-26 所示,当转速为 n 时其工作点为 M,流量为 q_v,如果转速减到 n_2,则泵的性能曲线下移,此时泵的工作点由 M 移到 M_2,流量则由 q_v 减少为 q_{v2};如果转速增加到 n_1,则泵的性能曲线上移,此时泵的工作点由 M 移到 M_1,流量则由 q_v 增加为 q_{v1}。从式(2-4)可知,流量随转速的增减,动力消耗也相应增减,所以,从动力消耗来看是比较合理的,特别是近年来发展的变频无级调速装置,利用改变输入电机的电流频率来改变转速,调速平稳,也保证了较高的效率,是一种节能的调节手段,但价格较贵。

b. 改变叶轮直径　根据离心泵的切割定律可知,改变叶轮直径,泵的性能曲线也将改变,其规律与改变泵的转速类似,如图 2-27 所示。但这种方法实施起来不方便,且调节的范围也不大,若叶轮直径减小不当还会降低泵的效率,所以不是操作中经常采用的方法,只有当流量定期变动时采用这种方法才是可行的。

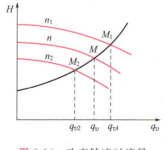

图 2-26　改变转速时流量变化示意图

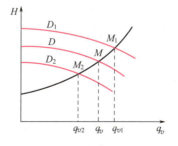

图 2-27　改变叶轮直径时流量变化示意图

M2-7　改变泵特性曲线调节流量

5. 离心泵的并联与串联操作

实际生产中，如果单台离心泵不能满足输送任务时，可将两台或多台泵以串联或并联的方式组合起来进行操作。

(1) 并联操作　当单台泵的扬程足够但流量不能满足生产要求时，可采用两台同型号的泵并联操作，如图 2-28 所示。两台泵并联以后所获得的流量增加，但小于两台泵单独操作时的流量之和，即 $q_{v并}<2q_{v单}$。由此可知，并联的台数越多，流量增加的程度越少，越不经济，故一般只采用两台泵并联。两台泵并联以后提供的总扬程比单台泵工作时的扬程也有所增加，即 $H_{并}>H_{单}$，这是因为两台泵并联后管路中流量增加，相应的流体阻力增加，所以两台泵提供的扬程比单台泵提供的扬程要大。

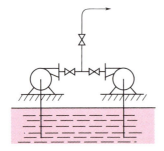

图 2-28　两台离心泵的并联操作

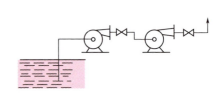

图 2-29　两台离心泵的串联操作

(2) 串联操作　当单台泵的流量足够而泵的扬程不能满足要求时，可采用两台同型号的泵串联操作，如图 2-29 所示。两台泵串联后的扬程增加，但小于两台泵单独操作时的扬程之和，即 $H_{串}<2H_{单}$。两台泵串联后流量也有所增加，即 $q_{v串}>q_{v单}$。

多台泵串联相当于一台多级泵，但却需要多台电机，液体漏损的概率增多。另外，如果串联的台数过多，可能导致最后一台泵所受的压强过大，因泵的强度不够而受到损坏。因此，除特殊需要，不如选用一台多级离心泵更方便、可靠。

6. 离心泵的汽蚀现象与安装高度

(1) 离心泵的汽蚀现象　由离心泵的工作原理可知，在图 2-30 所示的输液装置中，离心泵能够吸上液体是靠吸入贮槽液面与泵入口处的压强差作用。当吸入贮槽液面上的压强 p_0 一定时，安装高度（也称吸上高度）H_g 越高，则泵入口处的压强 p_1 越小。当泵入口处的压强降至等于或小于输送液体的饱和蒸气压时，液体就会在该处发生汽化并产生气泡。同时原来溶于液体中的气体也将析出。含气泡的液体进入泵内高压区后，在高压的作用下，气泡又急剧地缩小而破灭，气泡的消失产生局部真空，周围的液体以极高的速度冲向原气泡所占据的空间，造成冲击和振动。叶轮在上述连续冲击下，金属表面逐渐因疲劳而破坏，这种破坏通常称为剥蚀，表面逐渐形成斑点，小裂缝，日久甚至使叶轮变成海绵状或整块脱落。这种现象称为**汽蚀**。

汽蚀发生时，产生噪声和振动，严重时由于产生大量气泡占据了液体流道的一部分空间，导致泵的流量、压头与效率显著下降，更严重时，吸不上液体，泵就完全中断工作。为保证离心泵正常运转，应避免产生汽蚀，限制泵的安装高度，是避免汽蚀发生的有效措施。

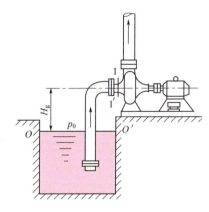

图 2-30　离心泵吸液示意图

（2）离心泵的汽蚀余量　为防止汽蚀现象的发生，在离心泵的入口处，液体的静压头和动压头之和 $\dfrac{p_1}{\rho g}+\dfrac{u_1^2}{2g}$，必须大于液体在操作温度下的饱和蒸气压头 $\dfrac{p_v}{\rho g}$，并将它们之间的差值定义为离心泵的汽蚀余量，即

$$NPSH=\dfrac{p_1}{\rho g}+\dfrac{u_1^2}{2g}-\dfrac{p_v}{\rho g} \tag{2-7}$$

式中　$NPSH$——离心泵的汽蚀余量，又称为净正吸上压头（net positive suction head），m；

　　　p_v——操作温度下液体的饱和蒸气压，Pa。

为保证不发生汽蚀现象，汽蚀余量的最小值称为必需汽蚀余量（$NPSH$）$_r$，该值由泵的制造厂家通过实验确定，并列入泵性能表中。标准还规定，实际汽蚀余量 $NPSH$ 比（$NPSH$）$_r$ 还要加大 0.5m 以上。

应予指出，离心油泵的汽蚀余量则用 Δh 表示。

（3）离心泵的最大允许安装高度　对图 2-30，在贮槽液面 $O—O'$ 和泵入口处 1—1′ 两截面间列伯努利方程式，可得

$$H_g=\dfrac{p_0-p_1}{\rho g}-\dfrac{u_1^2}{2g}-H_{f,0-1} \tag{2-8}$$

若已知离心泵的必需汽蚀余量，则由式(2-7) 和式(2-8)，并考虑到 $NPSH$ 比（$NPSH$）$_r$ 加大 0.5m。可得离心泵最大允许安装高度的计算式为

$$H_{g,\max}=\dfrac{p_0-p_v}{\rho g}-[(NPSH)_r+0.5]-H_{f,0-1} \tag{2-9}$$

式中　$H_{g,max}$——离心泵的最大允许安装高度，m；

　　　p_0——贮槽液面上的压强，Pa（贮槽敞口时，$p_0=p_a$，p_a 为当地大气压强）；

$(NPSH)_r$——离心泵的必需汽蚀余量，从泵性能表中查取，m；

　　$H_{f,0-1}$——吸入管路的压头损失，m。

由式(2-9)可知，当 p_0 一定时，p_v、$(NPSH)_r$ 和 $H_{f,0-1}$ 越大，泵的允许安装高度越低，为此在确定泵的安装高度时，应注意以下几点。

① 离心泵的必需汽蚀余量与流量有关，流量增加时 $(NPSH)_r$ 增大，所以在计算时应选取最大流量下的 $(NPSH)_r$ 值。

② 当输送液体的温度较高或其沸点较低时，因液体的饱和蒸气压较大，会使泵的允许安装高度降低。

③ 尽量减小吸入管路的压头损失，可选用较大的吸入管径，缩短管子长度，减少不必要的管件和阀件。由此也可以理解，调节流量为什么使用泵的出口阀而不用泵的入口阀。

④ 当条件允许，尽量将泵安装在液面以下，使液体自动灌入泵内，既可避免汽蚀现象发生，又可避免启动泵时的灌液操作。

用 IS 80-65-125 型水泵将池中 50℃清水送至某容器中。送水量为 50m³/h。其装置如图 2-30 所示。已知泵吸入管路压头损失为 2.0m，泵的实际安装高度为 4.0m，当地大气压强为 98.1kPa。问该泵能否正常工作？

解　由附录查得，在送水量为 50m³/h 时，IS 80-65-125 型水泵的 $(NPSH)_r=3.0$m，50℃时水的密度 $\rho=988.1$kg/m³，饱和蒸气压 $p_v=12.34\times 10^3$Pa，则用式(2-9)计算泵允许的最大安装高度，即

$$H_{g,max}=\frac{p_0-p_v}{\rho g}-[(NPSH)_r+0.5]-H_{f,0-1}$$

$$=\frac{98100-12340}{988.1\times 9.81}-(3+0.5)-2=3.35\text{m}$$

泵的实际安装高度大于最大允许安装高度，故该泵不能正常工作。

7. 化工厂常用离心泵的类型与选用

（1）离心泵的类型　化工厂使用的离心泵种类繁多，按所输送液体的性质可以分为清水泵、耐腐蚀泵、油泵、杂质泵等。各种类型离心泵按照其结构特点各自成为一个系列，同一系列中又有各种规格。泵样本中列有各类离心泵的性能和

规格。下面仅对几种主要类型的离心泵作简要介绍。

① 清水泵（IS 型、D 型、S 型） 清水泵是应用广泛的离心泵，用于输送各种工业用水以及物理、化学性质类似于水的其他液体。最普遍使用的是单级单吸悬臂式离心水泵，系列代号为"IS"，其结构如图 2-31 所示。全系列扬程范围为 5~125m，流量范围为 6.3~400m³/h。

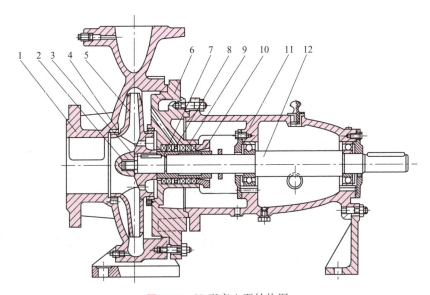

图 2-31　IS 型离心泵结构图
1—泵体；2—叶轮螺母；3—止动垫圈；4—密封环；5—叶轮；6—泵盖；7—轴盖；
8—填料环；9—填料；10—填料压盖；11—悬架轴承部件；12—泵轴

泵的型号由字母和数字表示，如型号 IS 100-80-125，IS 表示泵的类型，为单级单吸悬臂式离心水泵；100 表示泵的吸入管内径，mm；80 表示泵的排出管内径，mm；125 表示泵的叶轮直径，mm。

若所要求流量下其扬程高于单级泵所能提供的扬程时，可采用图 2-32 所示的多级离心泵。在一根轴上串联多个叶轮，从一个叶轮流出的液体，通过泵壳内的导轮，引导液体改变流向，同时将一部分动能转变为静压能，然后进入下一个叶轮入口，液体从几个叶轮中多次接受能量，而有较高的压头。中国生产的多级泵系列代号为"D"，叶轮级数通常为 2~9 级，最多可达 12 级，全系列的扬程范围为 14~351m，流量范围为 10.8~850m³/h。

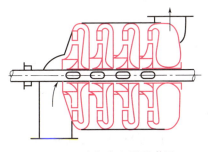

图 2-32　多级离心泵示意图

若输送液体的流量较大而所需要的扬程并不高时,则可采用双吸泵,其特点是从叶轮两侧同时吸液。中国生产的双吸泵系列代号为"S"。全系列扬程范围为 9~140m,流量范围为 120~12500m³/h。

② 耐腐蚀泵（F 型） F 型泵是单级单吸悬臂式耐腐蚀离心泵,输送酸、碱等不含颗粒的腐蚀性液体时,应选用耐腐蚀泵。

此类泵的主要特点是与液体接触的部件用耐腐蚀材料制成,在 F 后面再加上一个字母表示材料代号以作区别。例如:

灰口铸铁——材料代号为 H,用于输送浓硫酸。

铬镍合金钢——材料代号为 B,用于常温和低浓度的硝酸、氧化性酸液、碱液和其他腐蚀性液体。

铬镍钼钛合金钢——材料代号为 M,最适用于常温的高浓度硝酸。

聚三氟氯乙烯塑料——材料代号为 S,适用于 90℃以下的硫酸、硝酸、盐酸和碱液。

耐腐蚀泵的另一个特点是密封要求高,所以 F 型泵多采用机械密封装置。F 型泵全系列扬程范围为 15~105m,流量范围为 2~400m³/h。

③ 油泵（Y 型） 输送石油产品的泵称为油泵。因为油品的特点是易燃易爆,因此要求油泵必须有良好的密封性能。当输送 200℃以上的热油时,还要求对轴封装置和轴承等进行完善的冷却,故这些部件常装有冷却水夹套。被输送介质温度在-45~+400℃范围内。油泵有单吸和双吸,单级与多级之分。油泵的系列代号为"Y",双吸式为"YS"。全系列的扬程范围为 60~600m,流量范围为 6.25~500m³/h。

④ 杂质泵（P 型） 用于输送悬浮液及稠厚的浆液时用杂质泵。系列代号为"P"。根据其用途又可细分为污水泵"PW"、砂泵"PS"、泥浆泵"PN"等。对这类泵的要求是:不易堵塞、耐磨、容易清洗。这类泵的特点是叶轮流道宽,叶片数目少,常采用半闭式或开式叶轮。有些泵壳内衬以耐磨的铸钢护板,泵的效率低。

(2) 离心泵的选择 选用离心泵时,既要考虑被输送液体的性质、操作温度、压强、流量,以及具体和管路所需要的压头;又要了解当前泵制造厂所供应的泵的类型、规格、性能、材质和价格等,在满足工艺要求的前提下,力求做到经济合理。一般可按下列方法与步骤进行。

① 确定离心泵的类型 根据被输送液体的性质和操作条件确定泵的类型,如清水泵、油泵、耐腐蚀泵等。

② 确定输送系统的流量与压头 液体的流量一般为生产任务所规定,如果流量在一定范围内变动,选泵时应按最大流量考虑。根据输送系统管路的安排,

利用伯努利方程计算在最大流量下管路所需的压头。

③ 选择泵的型号 根据管路要求的流量 q_{ve} 和压头 H_e 从泵样本或产品目录中选出合适的型号。考虑到操作条件的变化和备有一定潜力,选出的泵所能提供的流量 q_v 与扬程 H 可比管路所要求的流量 q_{ve} 和压头 H_e 稍大一些,并使泵在高效区内工作。泵的型号选出后应列出泵的有关性能参数。

④ 核算泵的轴功率 若输送液体的密度大于水的密度时,应按式(2-3) 核算泵的轴功率。

例 2-3 生产中要求将常温水以 $50\text{m}^3/\text{h}$ 的流量从贮槽送到高位槽,两槽液面恒定,其垂直高度为 10m。管路系统的总压头损失为 $7\text{mH}_2\text{O}$。试选择一合适的离心泵并估算采用阀门调节时多消耗的轴功率。

解 由于要求输送清水,故选用 IS 型离心水泵。

计算管路所需的外加压头。以贮槽液面为 1—1′ 截面,以高位槽液面为 2—2′ 截面,并以 1—1′ 截面为基准水平面,在两截面间列伯努利方程式得

$$H_e = (z_2 - z_1) + \frac{p_2 - p_1}{\rho g} + \frac{u_2^2 - u_1^2}{2g} + H_f$$
$$= 10 + 0 + 0 + 7 = 17\text{m}$$

根据流量 $q_{ve} = 50\text{m}^3/\text{h}$ 和 $H_e = 17\text{m}$,查本书附录,可选 IS 80-65-125 型号的泵,转速为 2900r/min。该泵的主要性能为:流量 $50\text{m}^3/\text{h}$;扬程 20m;轴功率 3.63kW;效率 75%。

由于所选泵的压头大于管路所需的压头,操作时靠关小阀门调节,因此多消耗的轴功率为

$$\Delta N = \frac{\Delta H q_v \rho g}{\eta} = \frac{(20-17) \times 50 \times 1000 \times 9.81}{3600 \times 0.75} = 0.545\text{kW}$$

8. 离心泵的安装和操作要点

离心泵在出厂时都附有说明书,在安装和使用时应认真阅读。这里仅对一些要点做简要说明。

(1) 安装要点

① 限制安装高度,避免发生汽蚀现象。

② 吸入管路连接处应严密不漏气;吸入管直径大于泵的入口直径时,变径连接处要避免存气,以免发生气缚现象。如图 2-33 所示,图 2-33(a) 不正确,图 2-33(b) 正确。

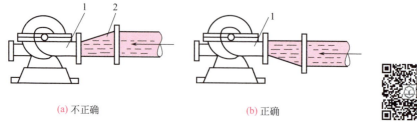

(a) 不正确　　　　　　　　　(b) 正确

图 2-33　吸入口变径连接法
1—吸入口；2—空气囊

M2-8　离心泵输送技术

③ 安装要牢固，避免泵发生振动；泵轴与电机轴应严格保持水平，以确保运转正常，提高泵的使用寿命。

（2）操作要点

① 盘车。检查泵轴有无摩擦和卡死现象。

② 灌泵。启动前，向泵内灌满被输送的液体，将泵内气体排净，防止发生气缚现象。

③ 启动时，要先关闭泵的出口阀，再启动电机。因为流量为零时，启动功率最小，以保护电机。待泵运转正常后，再缓慢打开出口阀将流量调节到所需数值。但要注意，关闭出口阀，泵运转的时间不能太长，以免泵内液体因摩擦发热，而发生汽蚀现象。

④ 运转时，要经常检查轴承温度、润滑和轴封泄漏等情况，随时观察真空表和压强表指示是否正常，并注意有无不正常的噪声，发现问题及时处理。

⑤ 停泵时，要先关闭泵的出口阀，再停电机，以免管路内高压液体倒流，使叶轮反转造成事故。停车时间较长时，应放掉泵和管路中的液体，以免锈蚀和冬季冻结。

二、其他类型泵

1. 往复泵

（1）操作原理　往复泵是一种容积式泵。图 2-34 所示为往复泵装置简图。其主要部件有泵缸、活塞、活塞杆、吸入阀和排出阀。泵缸内的活塞通过活塞杆与传动机械连接，可以在缸内作往复运动。吸入阀和排出阀都是单向阀。泵缸内活塞与阀门间的空间称为工作空间。

当活塞由于外力作用向右移动时，工作室的容积增大，泵体内造成低压，上端的单向活门（排出活门）受管内液体压力而关闭，下端的单向活门（吸入活门）便被泵外液体的压力推开，将液体吸入泵体内，直到活塞移到右端为止，此时工作室容积最大，吸入液体也最多。而当活塞向左移动时泵体内又造成高压，吸入活门被压而关闭，排出活门受缸内液体压力而开启，将液体排出泵外。活塞移到左端时，排液完毕，完成了一个工作循环，此后活塞再向右移动，开始另一个工作循环。如此，活塞不断进行往复运动，液体间歇而不断地吸入和排出。由上可见，往复泵是利用活塞对液体做功，将能量以静压强的形式直接传给液体的，这与离心泵根本不同。

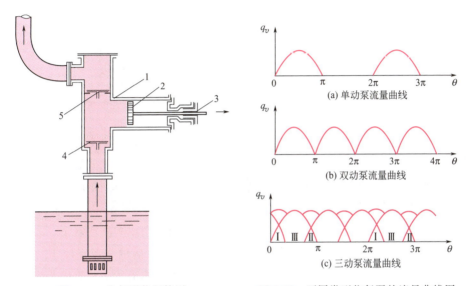

图 2-34　往复泵装置简图
1—泵缸；2—活塞；3—活塞杆；
4—吸入阀；5—排出阀

图 2-35　不同类型往复泵的流量曲线图

活塞从左端点到右端点（或从右端点到左端点）的距离叫作行程或冲程。当活塞往复一次（即两冲程）的过程中，只吸入一次或排出一次液体的泵，称为单动泵。单动泵排液是不均匀的，那是由于吸入阀和排出阀均装在活塞的一侧，吸液时不能排液，所以排液不连续。另外，活塞由曲轴连杆机构带动时，活塞在左、右两端点之间的往复运动不是等速度，所以排液量也就随着活塞移动而相应地起落，成正弦曲线的形状，如图 2-35(a) 所示，流量极不稳定。

若活塞左右两侧都装有吸入阀和排出阀，则可使吸液与排液同时进行，采用这种结构的泵称为双动泵，如图 2-36 所示。此泵以活柱（柱塞）代替活塞，它可以承受较大的轴向力，故适用于较高的操作压强。活柱向右移动时，左侧的吸入阀开启，右侧的吸入阀关闭，液体经左侧的吸入阀进入左侧的工作室。同时，左侧的排出阀关闭，右侧的排出阀开启，液体从右侧的工作室排出。当活柱向左移动时，吸排液的情况就反过来。所以双动泵活柱（柱塞）的每一个工作循环中，吸液和排液各两次，使吸入管路和排出管路总有液体流过，送液是连续的，但流量曲线仍有起落，如图2-35(b)所示。

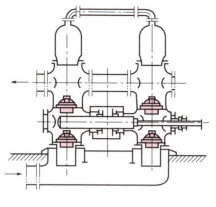

图 2-36 双动往复泵

M2-9 往复泵

图2-36左右两个排出阀上方有两个空室，称为空气室，对液流的波动，可以起缓冲作用。在一个工作循环中，一侧的排出液量大时，一部分液体便压入该侧的空气室；当该侧排出量小时，空气室内一部分液体又可压到泵的排出口，通过此法，可以提高液体输送的均匀稳定程度。

为了消除上述送液的不均匀性，还可以用多个泵缸组成多缸往复泵。如生产中采用的三联泵即是由三台单动泵并联构成，即泵的曲柄轴三者互成120°，曲轴每转一圈，三个单动泵的活柱分别进行一次吸入和排出液体，其流量曲线如图2-35(c)所示。由于一个泵还未停止送液，另一个泵就已经开始排液，所以使流量更加均匀。

(2) 往复泵的主要特点

① 往复泵的流量只与本身的几何尺寸和活塞或活柱的往复次数有关，而与泵的扬程无关，即无论在多大的扬程下工作，只要活塞或活柱往复一次，泵就排出一定体积的液体，所以往复泵是一种典型的容积式泵。往复泵的理论流量计算方法如下：

单动泵
$$q_{vT}=ASn_r \qquad (2\text{-}10)$$

式中 q_{vT}——往复泵的理论流量，m^3/min；
A——活塞或活柱的截面积，m^2；
S——活塞或活柱的冲程，m；
n_r——活塞或活柱每分钟的往复次数，min^{-1}。

双动泵
$$q_{vT}=(2A-a)Sn_r \qquad (2\text{-}11)$$

式中　a——活塞杆或活柱杆的截面积，m^2。

实际上，由于填料函、活门、活塞或活柱等处密封不严，吸入或排出活门启闭不及时等原因，往复泵的实际流量要小于理论流量，即

$$q_v = \eta_v q_{vT} \tag{2-12}$$

式中　q_v——往复泵的实际流量，m^3/min；

　　　η_v——容积效率，其值由实验测得。对于 $q_v > 200 m^3/h$ 的大型泵，$\eta_v = 0.95 \sim 0.97$；对于 $q_v = 20 \sim 200 m^3/h$ 的中型泵，$\eta_v = 0.9 \sim 0.95$；对 $q_v < 20 m^3/h$ 的小型泵，$\eta_v = 0.85 \sim 0.9$。

② 往复泵的扬程与泵的几何尺寸无关，即理论上其扬程与流量无关，只要泵的机械强度及原动机的功率允许，输送系统要求多高的压头，往复泵都能提供。实际上由于泵的扬程增加使 η_v 降低了，所以实际流量随扬程的增加而略有降低，如图 2-37 中虚线所示。图中与 H 轴平行的垂直线为理论流量与扬程关系线。由于往复泵的这一特点，而使往复泵的适用范围特别广泛，特别适用于需外加压头很大而流量不大的管路，尤其适合于输送高黏度液体。但不适用于输送腐蚀性的液体和有固体颗粒的悬浮液，因泵内阀门、活塞受腐蚀或被颗粒磨损、卡住，都会导致严重的泄漏。

③ 往复泵的吸上高度亦随泵安装地区的大气压强、输送液体的性质和温度而变，所以往复泵的允许吸上高度也有一定限制。但是往复泵内的低压，是靠工作室容积的扩张造成的，所以在启动之前，不像离心泵那样需向泵内注满液体，即往复泵有自吸能力。

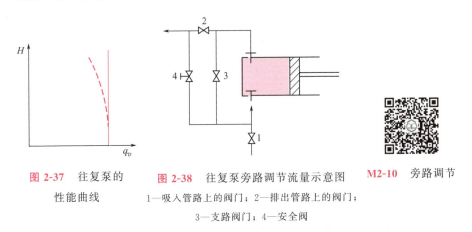

图 2-37　往复泵的性能曲线

图 2-38　往复泵旁路调节流量示意图
1—吸入管路上的阀门；2—排出管路上的阀门；
3—支路阀门；4—安全阀

M2-10　旁路调节

④ 往复泵不能简单地用排出管路阀门来调节流量，因为活塞或活柱在单位时间内以一定往复次数运动时，需把吸入泵内的液体及时排出，否则泵内压强便会急剧升高，造成泵体、管路和电机的损坏。生产上一般采用如图 2-38 所示的

旁路调节。液体经吸入管路上的阀门 1 进入泵内，经排出管路上的阀门 2 排出，并有一部分经支路阀门 3 流回吸入管路。排出流量由阀门 2 及 3 配合调节。在泵运转时，阀门 2 和 3 至少有一个是开启的，以保证泵内液体能及时排出，防止事故。若下游压力超过一定限度时，安全阀 4 即自动开启，使部分液体回流，以减轻泵及管路所承受的压强。

2. 回转泵

回转泵是依靠泵内一个或一个以上的转子旋转来吸入与排出液体的，又称转子泵。回转泵的形式很多，操作原理却大同小异，属于容积式泵。现对齿轮泵和螺杆泵介绍如下。

（1）齿轮泵　图 2-39 为齿轮泵的结构示意图，泵壳内有两个齿轮，其中一个为主动轮，系固定在与电动机直接相连的泵轴上；另一个为从动轮，安装在另一轴上，当主动轮启动后，它被啮合着以相反的方向旋转。两齿轮与泵体间形成吸入和排出两空间。当泵启动后，齿轮按图中所示的箭头方向转动时，吸入空间内两轮的齿互相拨开，形成了低压而将液体吸入，然后分为两路沿壳壁被轮齿嵌住，并随齿轮转动而达到排出空间。排出空间内两轮的齿互相合拢，于是形成高压而将液体排出。

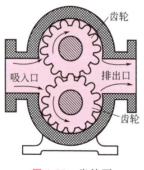

图 2-39　齿轮泵

M2-11　齿轮泵

齿轮泵的扬程较高而流量小，可用于输送黏稠液体和膏状物料，但不能输送含有固体颗粒的悬浮液。

（2）螺杆泵　螺杆泵主要由泵壳与一个或一个以上的螺杆所构成。图 2-40 所示为一双螺杆泵，利用两根相互啮合的螺杆，推动液体做轴向移动，液体从螺杆两端进入，由中央排出。螺杆泵扬程高、效率高、无噪声、流量均匀，特别适于输送黏稠液体。

3. 旋涡泵

旋涡泵是一种特殊类型的离心泵，如图 2-41 所示，由泵壳和叶轮组成，泵壳

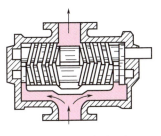

图 2-40 双螺杆泵

M2-12 螺杆泵

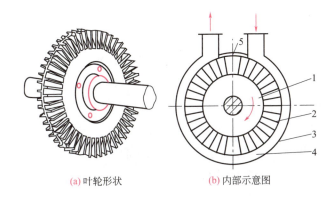

(a) 叶轮形状　　(b) 内部示意图

图 2-41 旋涡泵

1—叶轮；2—叶片；3—泵壳；4—引水道；5—吸入口与排出口的间壁

M2-13 旋涡泵输送技术

呈正圆形，吸入口在泵壳的顶部与排出口相对称。叶轮是一个圆盘，圆盘外边缘的两侧都铣成许多小的辐射状的径向叶片，叶片数目可多达数十片。

泵内结构情况如图 2-41(b) 所示。叶轮 1 上有叶片 2，叶轮在泵壳 3 内旋转，其间有引水道 4。吸入管和排出管接头之间为间壁 5，间壁与叶轮间只有很小的径向间隙，使吸入腔和排出腔得以分隔开。

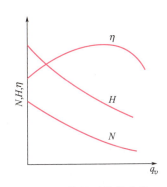

图 2-42 旋涡泵特性曲线

旋涡泵的叶轮转动时，泵内液体在随叶轮旋转的同时，又在引水道与各叶片间的凹槽内受离心力的作用，从叶片顶部抛向流道，叶轮传给液体的动能由此被带到流道中。在流道内液体的流速变慢，使部分动能转化为静压能。与此同时，流道中一部分液体经过叶片根部流入叶片的凹槽内。这样液体在叶片间形成旋涡运动。液体自吸入到排出过程中，由于多次进入叶轮作旋涡运动，多次提高静压能，使液体在出口时具有较大的压头。

旋涡泵的特性曲线中,其 $H\text{-}q_v$ 和 $\eta\text{-}q_v$ 曲线与离心泵相似,但 $N\text{-}q_v$ 曲线与离心泵相反,q_v 越小,则 N 越大,如图 2-42 所示。因此,旋涡泵开车时,应打开出口阀,以减小电机的启动功率。调节流量时,不能用调节出口阀开度的方法,只能用安装回流支路的方法。旋涡泵在启动前也要向泵内充满液体。

旋涡泵属于流量小、扬程高的泵,虽然效率较低(不超过 40%),但由于体积小,结构简单,故在化工生产中应用较多。

第三节　气体输送与压缩机械

化工厂中所用的气体输送与压缩机械的基本形式及其操作原理,与液体输送机械类似,亦可分为速度式和容积式两大类,而前者中有离心通风机、离心鼓风机、离心压缩机、轴流式通风机;后者有往复式压缩机、罗茨鼓风机和液环压缩机等。但由于气体具有可压缩性,在压送过程中,气体的压强发生变化的同时,其体积和温度也随之变化。这些变化对气体输送与压缩机械的结构、形状有很大的影响。因此气体输送与压缩机械除上述按其结构和操作原理进行分类外,还根据它所能产生的终压(出口压强)或压缩比(即气体出口压强与进口压强之比)进行分类,以便于选用。

(1) 通风机　终压不大于 15kPa(表压),压缩比为 1~1.15;

(2) 鼓风机　终压为 15~300kPa(表压),压缩比小于 4;

(3) 压缩机　终压在 300kPa(表压)以上,压缩比大于 4;

(4) 真空泵　终压为当时当地的大气压,其压缩比根据所造成的真空度决定,但一般较大。

一、离心通风机、鼓风机与压缩机

离心通风机、鼓风机与压缩机的工作原理和离心泵相似,依靠叶轮的旋转运动产生离心力,以提高气体压强。通风机通常是单级的,对气体起输送作用。鼓风机有单级亦有多级,而压缩机是多级的,两者对气体都起压缩作用。

1. 离心通风机

按离心通风机所产生的出口气体压强不同,可分为:

① 低压离心通风机,出口气体压强低于 1kPa(表压);

② 中压离心通风机,出口气体压强为 1~3kPa(表压);

③ 高压离心通风机,出口气体压强为 3~15kPa(表压)。

（1）离心通风机的基本结构　离心通风机基本结构和单级离心泵相似。机壳是蜗牛形，但机壳断面有方形和圆形两种，一般低、中压通风机多为方形如图 2-43 所示，高压的多为圆形。叶轮上叶片数目比较多且长度较短。低压风机的叶片常是平直的，与轴心成辐射状安装。中、高压通风机的叶片是弯曲的，有后弯的和前弯的。

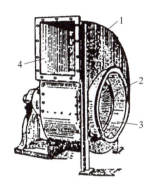

图 2-43　离心式通风机简图
1—机壳；2—叶轮；3—吸入口；4—排出口

M2-14　风机

（2）离心通风机的性能参数与特性曲线　离心通风机的主要性能参数有风量、风压、轴功率和效率。

① 风量　是单位时间内从风机出口排出的气体体积，并以风机进口处的气体状态计，以 q_v 表示，单位为 m³/s 或 m³/h。

② 风压　是单位体积的气体流过风机时所获得的能量，以 H_T 表示，单位为 J/m³＝Pa。由于 H_T 的单位与压强的单位相同，所以称为风压。离心通风机的风压取决于风机的结构、叶轮尺寸、转速与进入风机的气体密度。目前还不能用理论方法精确计算离心通风机的风压，而是由实验测定。一般通过测量风机进、出口处气体的流速与压强的数据，按伯努利方程式来计算风压。

设风机进口截面为 1—1′，出口截面为 2—2′，在两截面间以单位体积流体为基准列伯努利方程式，即可得离心通风机的风压为

$$H_T = W_e \rho = (z_2 - z_1)\rho g + (p_2 - p_1) + \frac{u_2^2 - u_1^2}{2}\rho + \sum h_{f,1-2}\rho$$

式中，ρ 及 $z_2 - z_1$ 值都比较小，$(z_2 - z_1)g\rho$ 可忽略；风机进出口间管路很短，$\sum h_{f,1-2}\rho$ 也可以忽略；又当风机进口处与大气直接相通时，1—1′ 截面取风机进口外侧，则 $u_1 \approx 0$，这样上式可简化为

$$H_T = (p_2 - p_1) + \frac{\rho u_2^2}{2} \tag{2-13}$$

式中，p_2-p_1 称为静风压，为每立方米气体经过风机后，由于静压能的增加而增加的能量（单位：$J/m^3=Pa$），以 H_{st} 表示；$\dfrac{\rho u_2^2}{2}$ 称为动风压，为每立方米气体经过风机后，由于速度的增大而增加的能量（单位：$J/m^3=Pa$），以 H_k 表示。所以离心通风机的风压为静风压与动风压之和，又称为**全风压**。通风机性能表上所列的风压，如果不加说明，通常指的是全风压。

离心通风机的风压是随所输送气体的密度而变化的，密度越大，风压越高。风机性能表上所列的风压，一般都是在 20℃、101.3kPa 的条件下用空气作介质测定的，此条件下空气的密度 $\rho=1.2kg/m^3$。若实际操作条件与上述的实验条件不同时，应按下式将操作条件下的风压 H'_T 换算为实验条件下的风压 H_T，然后以 H_T 的数值作为选择风机的依据。H'_T 与 H_T 的关系为：

$$H_T = H'_T \frac{\rho}{\rho'} = H'_T \frac{1.2}{\rho'} \tag{2-14}$$

③ **轴功率和效率**　离心通风机的轴功率按下式计算

$$N = \frac{H_T q_v}{1000\eta} \tag{2-15}$$

式中　N——轴功率，kW；

　　　q_v——风量，m^3/s；

　　　H_T——风压，Pa；

　　　η——效率，因按全风压测定，又称全压效率。

应用式(2-15)计算轴功率时，式中 q_v 与 H_T 必须是同一状态下的数值。风机性能表上所列出的轴功率均为实验条件下的数值，若所输送气体的密度与此不同时，要按下式进行换算

$$N' = N \frac{\rho'}{1.2} \tag{2-16}$$

式中　N'——气体密度为 ρ' 时的轴功率，kW；

　　　N——气体密度为 $1.2kg/m^3$ 时的轴功率，kW。

离心通风机的特性曲线与离心泵的特性曲线相似，也由实验测得。图 2-44 所示为 8-18 型 No.14 离心通风机特性曲线图，表示在 1450r/min 转速下，风量 q_v 与风压 H_T（图中 p_t）静风压

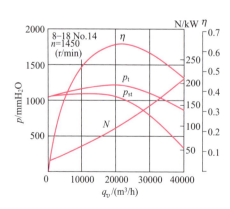

图 2-44　8-18 型 No.14 离心通风机的特性曲线

H_{st}（图中 p_{st}）、轴功率 N、效率 η 四者的关系。8-18 型、9-27 型和 4-72 型为输送清洁空气或与空气性质相近的气体时，所常用的一般风机，前两类为高压通风机，后一类属于中低压通风机。每一类型离心通风机又有各种不同直径叶轮，因此在类型后又加机号，如 8-18 型 No.14，No.14 则表示机号，其中 14 表示叶轮直径为 14dm（分米）。

（3）离心通风机的选择　离心通风机的选择与离心泵相似，其步骤如下。

① 根据伯努利方程式，计算输送系统所需的实际风压 H'_T，并将 H'_T 换算为实验条件下的风压 H_T。

② 根据所输送气体的性质（如清洁空气，易燃、易爆或腐蚀性气体及含尘气体等）与风压范围，确定风机类型。

③ 根据所需要的风量 q_v（以风机进口状态计）与实验条件下的风压 H_T，从风机样本中的系列特性曲线或性能表中，选择合适的机号。

例 2-4 要向一设备输送 40℃ 的空气，所需风量为 16000m³/h，已估计出按 40℃ 空气计所需的全风压为 10kPa 选用合适的通风机。

解 所需的通风机，其风量为 16000m³/h，在实验情况下的全风压按下式换算

$$H_T = H'_T \frac{1.2}{\rho'}$$

已知　$H'_T = 10\text{kPa}$，$\rho' = 1.2 \times \dfrac{293}{273+40} = 1.12\text{kg/m}^3$

将已知值代入上式得

$$H_T = 10 \times \frac{1.2}{1.12} = 10.7\text{kPa}$$

所用风压在 3kPa 以上，应采用高压风机。又因为输送空气，故可选用 8-18 型或 9-27 型高压离心通风机，其具体型号可依其性能曲线图上查知。由本书附录中 8-18 型、9-27 型离心通风机综合特性曲线图上看出，坐标为 $q_v = 16000\text{m}^3/\text{h}$、$H_T = 10.7\text{kPa}$ 的点，位于标有 9-27-101No.7 和 8-18-101No.14 两曲线的下方，即上述两个型号都可以满足需要。

2. 离心鼓风机与压缩机

单级离心鼓风机其基本结构和操作原理与离心通风机相仿，如图 2-45 所示为一台单级离心鼓风机，其出口表压强多在 30kPa 以内。多级离心鼓风机其基本结构和操作原理和多级离心泵相仿，如图 2-46 所示为一台三级离心鼓风机，气

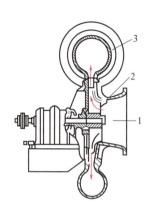

图 2-45　单级离心鼓风机
1—进口；2—叶轮；3—蜗形壳

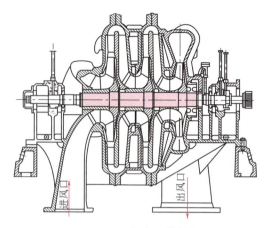

图 2-46　三级离心鼓风机

体从吸入管吸入，经过第一级叶轮和第一级扩压器，然后转入第二级叶轮入口，再依次通过以后的所有叶轮和扩压器，最后经过蜗形壳由出风管排出。

离心鼓风机送气量大，但出口表压强一般不超过 300kPa。由于压缩比不大，气体温度升高不明显，不需要冷却装置，各级叶轮尺寸基本相等。

要达到更高的出口压强，则需用离心压缩机。离心压缩机都是多级的，其结构和工作原理与多级离心鼓风机相仿，只是离心压缩机的级数多，可在 10 级以上，且转速较高，因此能产生较高压强。由于气体在机内压缩比大，体积变化也比较大，温度升高也比较显著，故离心压缩机常分为几段，每段包括几级。叶轮直径和宽度逐段缩小，段与段之间设置中间冷却器，以免气体温度过高。

离心压缩机流量大，供气均匀、体积小、重量轻、机体内易损部件少、运行率高、机体内无润滑油污染气体，运转平稳维修方便，但在流量偏离设计点时效率较低，制造加工难度大，近年来离心压缩机应用日趋广泛，并已跨入高压领域，其出口压强可达 3.4×10^4 kPa。目前，离心式压缩机总的发展趋势是向高速度、高压强、大流量、大功率的方向发展。

二、往复压缩机

1. 往复压缩机的构造和工作过程

往复压缩机的基本结构与往复泵相似，主要由气缸、活塞、吸入阀、排出阀和传动机构等组成。但因气体的密度小，可压缩，所以在结构上要求吸入阀和排出阀必须更加轻便灵巧，易于启闭；为了移除压缩过程所放出的热量以降低气体的温度，必须附设冷却装置；压出阶段终了时，在防止活塞与气缸端盖碰撞的前提下，必须控制活塞与气缸之间的间隙即余隙容积；各处配合须更加严密等。

往复压缩机的工作原理与往复泵相似，是通过气缸内往复运动的活塞对气体做功。但由于气体的可压缩性，其工作过程与往复泵有所不同。图 2-47 所示为单动往复压缩机的一个工作循环示意图，活塞每往复一次，由吸气、压缩、排气和膨胀四个过程组成。图中（a）、（b）、（c）、（d）表示活塞在各过程终了时的位置；图（e）表示压缩循环的压容图（p-V 图），图中各点表示各过程终了时气体的状态，四边形 1-2-3-4-1 所包围的面积，为活塞在一个工作循环中对气体所做的功。

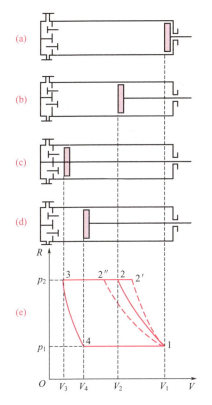

图 2-47　单动往复压缩机实际工作循环　　M2-15　往复压缩机工作过程

根据气体和外界的换热情况，压缩过程可分为等温（1-2″）、绝热（1-2′）和多变（1-2）三种情况。由图可见，等温压缩消耗的功最小，因此压缩过程中希望能较好地冷却，使其接近等温压缩。实际上，等温和绝热条件都很难做到，所以压缩过程都是介于两者之间的多变过程。

2. 往复压缩机的生产能力

往复压缩机的生产能力即排气量，是将压缩机在单位时间内排出的气体体积换算成吸入状态下的数值,所以又称为压缩机的输气量。假设没有余隙,往复压缩机理论吸气量的计算与往复泵类似。

单动往复压缩机的理论吸气量为

$$q_v' = ASn_r \tag{2-17}$$

双动往复压缩机的理论吸气量为

$$q_v' = (2A - a)Sn_r \tag{2-18}$$

式中 q_v'——理论吸气量,m^3/min;
　　　A——活塞的截面积,m^2;
　　　a——活塞杆的截面积,m^2;
　　　S——活塞冲程,m;
　　　n_r——活塞每分钟往复次数,min^{-1}。

由于气缸里有余隙,余隙容积内高压气体膨胀后占据了部分气缸容积;气体通过吸气阀时有流动阻力,使气缸里的压强比吸入气体的压强稍低,吸入的气体立即膨胀,增多的体积又占据了部分气缸容积;气缸内的温度比吸入气体的温度高,气体被吸入气缸后受热膨胀,又占去气缸的一部分容积,所以实际吸气量比理论吸气量小。由于压缩机的各种泄漏,实际排气量又比实际吸气量小。综合上述原因实际排气量应为

$$q_v = \lambda_d q_v' \tag{2-19}$$

式中 q_v——实际排气量,m^3/min;
　　　λ_d——排气系数,由实验测得,其值一般为 0.7～0.9。

3. 多级压缩

多级压缩就是使气体通过多个气缸经多次压缩才达到所需的终压。在压缩比很高的情况下,采用多级压缩可以避免气体温度过高,减少功耗,提高气缸的容积利用率,并使压缩机的结构更为合理。

图 2-48 是一个三级压缩的流程图。气体经过每一级压缩,再通过中间冷却器和油水分离器后,再进入下一级压缩机。每一级压缩比仅占总压缩比的一部分。多级压缩时级间设置中间冷却器,可使进入下一级气缸的气体温度降低,从

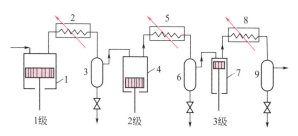

图 2-48　三级压缩流程图

1,4,7—气缸;2,5—中间冷却器;8—出口气体冷却器;3,6,9—油水分离器

而可减少功耗，提高压缩机的经济性。

压缩机的级数越多，则所需外功越少，即越接近于等温压缩过程。但是级数越多使整个压缩机系统结构越复杂，冷却器、油水分离器等辅助设备也相应增多，克服系统的流动阻力的能耗也增加，因此，必须根据具体情况确定适当的级数。生产上常用的多为2～6级，每级的压缩比为3～5。

4. 往复压缩机的类型与选用

往复压缩机的分类方法，通常有以下几种。

(1) 按压缩机在活塞一侧吸、排气还是在两侧都吸、排气体，可分为单动和双动压缩机。

(2) 按气体受压缩的次数，分为单级、双级和多级。

(3) 按压缩机所产生的终压大小而分为低压（980kPa以下）、中压（980～9800kPa）、高压（9800～98000kPa）和超高压（98000kPa以上）压缩机。

(4) 按压缩机生产能力的大小而分为小型（$10m^3/min$以下）、中型（$10\sim30m^3/min$）和大型（$30m^3/min$以上）压缩机。

(5) 按所压缩气体种类可分为空气压缩机、氧压缩机、氢压缩机、氮氢压缩机、氨压缩机和石油气压缩机等。

决定往复压缩机形式的主要根据是气缸在空间的位置，气缸垂直放置的称为立式，水平放置的称为卧式，由几个气缸相互配置成L形、V形和W形的称为角度式。关于国产往复式压缩机的型号编制、规格、性能等见往复压缩机产品样本。

选用压缩机时，首先应根据压缩气体的性质，确定使用压缩机种类。其次是根据生产任务及厂房的具体条件选定压缩机结构形式，是立式、卧式还是角度式。最后根据生产上所需的排气量和出口的排气压强，在压缩机样本或产品目录中选择合适的型号。压缩机样本或产品目录中所列的排气量，一般是按20℃、标准大气压状态下的气体体积计算，单位为m^3/min，排气压强是以Pa（表压）表示的。此外还载有压缩机级数、活塞冲程、气缸直径、轴功率和配用电机等数据，供选用时参考。

5. 往复压缩机的安装与操作要点

(1) 压缩机气体入口前一般要安装过滤器，以免吸入灰尘、铁屑等固体杂物，造成对活塞、气缸的磨损。

(2) 往复式压缩机的排气量是间歇的、不均匀的，通常在出口处安装缓冲罐，以使排气管中气体的流量稳定，同时也能使气体中夹带的水沫和油沫在此得到沉降而分离下来，罐底的油和水可定期排放。为确保操作安全，缓冲罐上应安装安全阀和压力表。

（3）压缩机在运行中，必须注意各部分的润滑和冷却。不允许关闭出口阀，以防压力过高而发生事故。要防止气体带液，因为气缸余隙很小而液体是不可压缩的，即使少量的液体进入气缸，也可能造成很高的压强使设备损坏。要经常检查压缩机各运动部件是否正常，若发现异常声响及噪声，应立即停车检查。

（4）冬季停车时，应放掉气缸夹套、中间冷却器内的冷却水，防止因结冰破坏设备和造成管路堵塞。

三、回转式鼓风机与压缩机

回转式鼓风机与压缩机和回转泵相似，机壳内有一个或两个旋转的转子，没有活塞和阀门等装置。回转式设备的特点是：构造简单、紧凑、体积小、排气连续而均匀，适用于压强不大而流量较大的情况。以下介绍化工生产中常见的两种。

1. 罗茨鼓风机

罗茨鼓风机的操作原理与齿轮泵相似。如图 2-49 所示，机壳内有两个形似腰形的转子，在转子之间、转子与机壳之间留有很小的缝隙，使转子能自由旋转而无过多的泄漏。两转子的旋转方向相反，气体从机壳一侧吸入，而从另一侧排出。如改变转子的旋转方向，则吸入口与排出口互换。

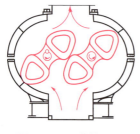

图 2-49　罗茨鼓风机

M2-16　罗茨鼓风机

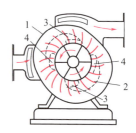

图 2-50　液环压缩机
1—机壳；2—叶轮；3—入口；
4—压出口

罗茨鼓风机属容积式机械，即转速一定时，风量可保持大体不变。风量和转速成正比，而且几乎不受出口压强变化的影响。其风量范围是 $2\sim500\,m^3/min$，最大可达 $1400\,m^3/min$。其流量调节采用回流支路的方法。操作温度应在 85℃ 以下，以防转子受热膨胀，发生碰撞。

2. 液环压缩机

液环压缩机亦称纳氏泵。如图 2-50 所示，由一个椭圆形外壳和旋转叶轮组成，壳中盛有适量的液体，当叶轮旋转时，叶片带动液体旋转，由于离心力作用，液体被抛向壳体，形成一个椭圆形的液环，使叶片全被封住，而中心则空出来，在椭圆形长轴两端显出两个月牙形的空间。叶片自月牙形尖端到顶部月牙最宽处，空间逐渐扩大，故产生低压，气体在此处而被吸入。当此气体被叶片继续由此处带向月牙另一尖端时，叶片间气体则受到压缩，受压缩的气体由排出区的排出口压出。当叶轮旋转一周时，月牙形空间内的小室逐渐变大和变小各两次，使气体从两个吸入区内的吸入口吸入机内，而从两个排出区内的排出口压出。

气体在机内只和叶轮接触与外壳不接触，因此在输送腐蚀性气体时，只需将叶轮用耐腐蚀材料制造。所选液体应与输送气体不起化学反应。例如，压缩空气时可用水；输送氯气时，壳内可充一定量的硫酸。由于在运转中，机壳内液体必然会有部分随气体带出，故操作中应经常向泵壳内补充部分液体。

液环压缩机所产生的表压强可达 $500 \sim 600 \mathrm{kPa}$，但在 $150 \sim 180 \mathrm{kPa}$（表压）间效率较高。

四、真空泵

从设备中抽出气体使其中的绝对压强低于大气压，这种抽气机械称为真空泵。真空可以直接用绝对压强来表示，也可采用真空度的概念。在真空技术中通常把真空状态按绝对压强高低划分为低真空（$10^5 \sim 10^3 \mathrm{Pa}$）、中真空（$10^3 \sim 10^{-1} \mathrm{Pa}$）、高真空（$10^{-1} \sim 10^{-6} \mathrm{Pa}$）、超高真空（$10^{-6} \sim 10^{-10} \mathrm{Pa}$）及极高真空（$<10^{-10} \mathrm{Pa}$）五个真空区域。为了产生和维持不同真空区域的需要，设计出多种类型的真空泵。下面简要介绍几种用于产生低、中真空的真空泵。

1. 往复真空泵

往复真空泵的构造和工作原理与往复压缩机基本相同，但是往复真空泵的压缩比很高，例如，要使设备内的绝对压强降为 $5\mathrm{kPa}$ 时，则压缩比约为 20。因此，余隙中残留气体对真空泵的生产能力影响颇大，必须在结构上采取降低余隙的措施，这是往复真空泵与往复压缩机在结构上不同之处。

往复真空泵和往复压缩机一样，在气缸外壁也需采用冷却装置，以除去气体压缩和机件摩擦所产生的热量。此外，往复真空泵属于干式真空泵，操作时必须采取有效措施，防止抽吸气体中带有液体，否则会造成严重的设备事故。

2. 水环真空泵

水环真空泵简图如图 2-51 所示。外壳 1 内偏心地装有转子，转子上有辐射状的叶片。泵内充有适量（约机壳内容积的一半）的水。当转子旋转时，形成水

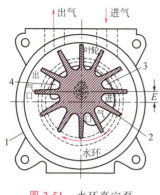

图 2-51　水环真空泵
1—外壳；2—转子；3,4—孔隙

环，由于具有偏心距如图中 E 所示。此水环将叶片封着而使机壳内的叶片间形成许多小室。当叶轮顺时针旋转时，右边的小室逐渐增大，气体由孔隙 3 进入机壳内，左边的小室逐渐缩小，于是将气体压缩迫使气体由压出孔隙 4 排出。

水环真空泵属于湿式真空泵，适用于抽吸含有液体的气体，尤其用于抽吸有腐蚀性或爆炸性的气体更为合适，但效率低，约为 30%～50%。所造成的真空度受泵内水的温度所限制，可以造成的最大真空度为 85%。当被抽吸的气体不宜与水接触时，泵内可以充其他液体，称为液环真空泵。

3. 喷射式真空泵

喷射泵是利用流体流动时的动能与静压能相互转化的原理来吸、送液体的，既可用于吸送气体，也可用于吸送液体。在化工生产中喷射泵常用于抽真空，所以又称为喷射式真空泵。喷射泵的工作流体可以是蒸汽，也可以是液体。

（1）蒸汽喷射泵　图 2-52 所示为一单级蒸汽喷射泵。工作蒸汽在高压下以 1000～1400m/s 的高速度从喷嘴喷出，在喷射过程中，蒸汽的静压能转变为动能，产生低压，而将气体吸入。吸入的气体与蒸汽混合后，进入扩散管，速度逐渐降低，压强随之升高，而后从压出口排出。蒸汽喷射泵构造简单、紧凑、没有活动部分，制造时可采用各种材料，适应性强。但是效率低，蒸汽耗量大。而用于产生较高真空，即小于 4～5.4kPa 绝对压强的真空时，是比较经济的。单级蒸汽喷射泵仅可得到 90% 的真空度，若要得到更高的真空度，则可采用多级蒸汽喷射泵。

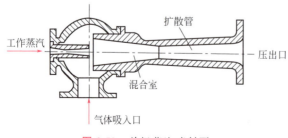

图 2-52　单级蒸汽喷射泵

M2-17　蒸汽喷射泵

(2) 水喷射真空泵　在化工生产中，当要求的真空度不太高时，也可以用一定压强的水作为工作流体的水喷射泵，水喷射速度常在15～30m/s左右，它属于粗真空设备。水喷射真空泵结构简单，能源普遍，虽比蒸汽喷射泵所产生的真空度低，一般只能达到93.3kPa左右的真空度，但由于它有产生真空和冷凝蒸汽的双重作用，故应用甚广。现在广泛用于真空蒸发设备，既作冷凝器又作真空泵，所以也常称它为水喷射冷凝器。

思考题

2-1　简述离心泵的主要构造、各部件的作用及离心泵的工作原理。

2-2　离心泵的泵壳为什么要制成蜗壳形？它有哪些作用？

2-3　离心泵的叶轮有哪几种形式？各适用于何种场合？

2-4　何谓离心泵的气缚、汽蚀现象？产生此现象的主要原因是什么？如何防止？

2-5　何谓管路特性曲线？何谓离心泵的工作点？

2-6　离心泵有哪几种调节流量的方法？各有何优缺点？

2-7　离心泵启动前为什么要关闭出口阀？往复泵启动前为什么要打开出口阀？

2-8　往复泵的流量为什么不能用出口阀调节？应该如何调节？

2-9　何谓离心通风机的风压？

2-10　往复压缩机的一个工作循环包括哪几个过程？

2-11　多级压缩的优缺点有哪些？

习题

2-1　在用水测定离心泵性能的实验中，当流量为26m³/h时，泵出口压强表读数为152kPa，泵入口处真空表读数为24.7kPa，轴功率为2.45kW，转速为2900r/min。真空表与压强表两测压口间的垂直距离为0.4m，泵的进、出口管径相等，两测压口间管路的流动阻力可以忽略不计。实验用水的密度近似为1000kg/m³。试计算该泵的效率，并列出该效率下泵的性能。

2-2　将密度为1200kg/m³的碱液自碱池用离心泵打入塔内（如图）。塔顶压强表读数为58.86kPa，流量为30m³/h，泵的吸入管路阻力为2m碱液柱，压出管路阻力为5m碱液柱。试求：(1) 泵的扬程；(2) 如泵的轴功率为3.6kW，则泵的效率为多少？(3) 若当地大气压为100kPa，泵吸入管内流速为1m/s，则真空表读数为多少（kPa）？

2-3　如图所示，要将某减压精馏塔塔釜中的液体产品用离心泵输送至高位槽，釜中真空度为66.7kPa（其中液体处于沸腾状态，即其饱和蒸气压等于釜中绝对压强）。泵位于地面上，吸入管总阻力为0.87m液柱，液体的密度为986kg/m³。已知该泵的必需汽蚀余量为4.2m。试问该泵的安装位置是否合适？如不合适应如何重新安排？

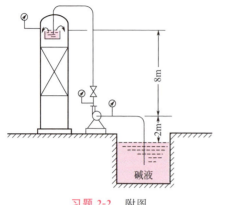
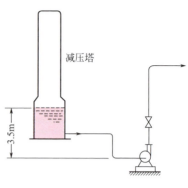

习题 2-2 附图   习题 2-3 附图

2-4 某化工厂各车间排出的热水平均温度为 65℃，先汇集于热水池中，然后用离心泵以 28m³/h 的流量输送到凉水塔顶，并经喷头喷出而落入凉水池中，以达到冷却的目的。已知水在进入喷头之前需要维持 49kPa 的表压强。喷头入口位置较热水池水面高 8m。吸入管路和排出管路中压头损失分别为 1m 和 3m。管路中的动压头可以忽略不计。当地大气压按 101.3kPa 计。试选用合适的离心泵，并确定泵的安装高度。

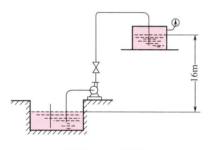

习题 2-5 附图

2-5 如图所示，从水池向高位槽送水，要求送水量为每小时 20t，槽内压强为 30kPa（表压），槽内水面距离水池水面 16m，管路总阻力为 2.1mH₂O。现拟选用 IS 型水泵，试确定选用哪种型号为宜？

2-6 内径 100mm 的钢管从江中取水，送入蓄水池，水由池底进入，池中水面高出江面 30m。管路的长度（包括局部阻力当量长度）为 60m。水在管内的流速为 1.5m/s。已知管路的摩擦系数 $\lambda=0.028$。今库存有下列四种规格的离心泵，问能否从库存中选用一台泵？

泵	I	II	III	IV
流量 q_v/(L/s)	17	16	15	12
扬程 H/m	42	38	35	32

2-7 现需输送温度为 200℃ 密度为 0.75kg/m³ 的烟气，要求输送流量为 12700m³/h，全风压为 120mmH₂O。工厂仓库中有一台风机，其铭牌上流量为 12700m³/h，风压为 160mmH₂O。试问该风机是否可用？

2-8 要向某一换热器和常压干燥器系统输送空气。空气的温度为 293K，质量流量为 30t/h。若所需的全风压为 380mmH₂O。试选一台合适的通风机。

第三章

非均相物系的分离

非均相物系是指物系中存在着两相或更多相的混合物，如含尘气体、悬浮液等。就含有两相的非均相物系来说，其中一相为分散相或称分散物质，以微细的分散状态存在，如含尘气体中的尘粒，悬浮液中的固粒；而另一相为连续相或称分散介质，包围在分散物质各个粒子的周围，如含尘气体中的气体，悬浮液中的液体。

根据连续相的物理状态，将非均相物系分为气态非均相物系和液态非均相物系。含尘气体与含雾气体属于气态非均相物系，而悬浮液、乳浊液以及含有气泡的液体，即泡沫液，则属于液态非均相物系。

非均相物系的分离就是除去气体或液体中悬浮微粒的操作。由于非均相物系中的连续相与分散相的密度一般存在显著差异，故可用机械分离的方法把各相分开，如沉降、过滤、离心分离等。非均相物系的分离目的如下。

(1) 净化分散介质以获得纯净的气体或液体。例如，在接触法制硫酸过程中，从沸腾焙烧炉中出来的炉气内，除含有二氧化硫等气体外，还含有大量的灰尘，故必须将其除去，否则将会造成转化器中催化剂中毒或堵塞设备和管道。

(2) 收取分散物质以获得成品。例如，从气流干燥器出口的气-固混合物中回收干燥后的产品。

(3) 环境保护。为了消除工业污染，工业废气排出前必须除去其中的粉尘、酸雾等，使其浓度符合规定的排放标准，以保护环境。

由此可见，非均相物系的分离在化工生产过程中，是非常重要的一个单元操作。

第一节　沉降

沉降是使悬浮在流体中的固体颗粒，在某种力的作用下，沿着受力方向发生运动而沉积，从而与流体分离的过程。实现沉降操作的作用力可以是重力，也可以是惯性离心力，因此沉降又可分为重力沉降和离心沉降。

一、重力沉降

重力沉降是在重力作用下,使固体颗粒在流体中慢慢降落而被分离出来的操作。这种分离方法,一般用于分离含固体颗粒较大的含尘气体和悬浮液。

1. 重力沉降速率

当固体颗粒在静止的流体中降落时,在垂直方向上受到三个力的作用,即向下的**重力**、向上的**浮力**和与颗粒运动方向相反的向上的**阻力**,如图 3-1 所示。对于一定的颗粒和一定的流体,重力和浮力都是恒定的,而流体对颗粒的阻力则随颗粒降落速率的增大而增加。当颗粒开始沉降时,重力大于浮力和阻力之和,颗粒做加速运动,随着颗粒降落速率的增加,阻力也相应增加,当三个力达平衡时,加速度为零,固体颗粒将以不变的速率匀速下降,此时颗粒相对于流体的速率称为**重力沉降速率**。

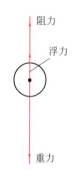

图 3-1 颗粒在静止流体中降落时的受力情况

设颗粒是表面光滑的球形;沉降的颗粒相距较远,互不干扰;容器壁对颗粒的阻滞作用可以忽略,此时容器的尺寸应远远大于颗粒的尺寸,比如 100 倍以上;颗粒直径不能过分细微,不小于 2~3μm,否则颗粒受到流体分子运动的影响。于是根据三个力达平衡时其代数和等于零,可导出重力沉降速率的计算式为

$$u_t = \sqrt{\frac{4gd_p(\rho_p - \rho)}{3\rho\zeta}} \tag{3-1}$$

式中 u_t——球形颗粒的重力沉降速率,m/s;

d_p——颗粒的直径,m;

ρ_p——颗粒的密度,kg/m³;

ρ——流体的密度,kg/m³;

ζ——阻力系数,由实验测得。

阻力系数 ζ 与雷诺数 Re_p 有关,根据 Re_p 数值的范围可将沉降分为三个区域,各区域内 ζ 与 Re_p 的关系为

滞流区　$10^{-4} < Re_p < 1$　　　　　$\zeta = 24/Re_p$ （3-2）

过渡区　$1 < Re_p < 10^3$　　　　　$\zeta = 18.5/Re_p^{0.6}$ （3-3）

湍流区　$10^3 < Re_p < 2 \times 10^5$　　　$\zeta = 0.44$ （3-4）

将式(3-2)~式(3-4)分别代入式(3-1)可得各区内计算沉降速率的公式,即

滞流区	$u_t = \dfrac{d_p^2(\rho_p-\rho)g}{18\mu}$	(3-5)
过渡区	$u_t = 0.27\sqrt{\dfrac{d_p(\rho_p-\rho)g}{\rho}Re_p^{0.6}}$	(3-6)
湍流区	$u_t = 1.74\sqrt{\dfrac{d_p(\rho_p-\rho)g}{\rho}}$	(3-7)

式(3-5) 称为**斯托克斯公式**；式(3-6) 称为**艾伦公式**；式(3-7) 称为**牛顿公式**。

在根据式(3-5)~式(3-7) 计算沉降速率时，需先知道 Re_p 以判断流型，而后才能选用计算式。而 Re_p 又与待求的 u_t 有关，故应采用试差法。即先假设沉降在某一区域内，选用相应的公式计算 u_t，然后再根据求出的 u_t 值计算 Re_p 值，如果 Re_p 值在所设范围内，则计算结果有效，否则需另设一区域重新计算，直到按求得的 u_t 所算出的 Re_p 值与所设范围相符为止。由于沉降操作中涉及的颗粒较小，操作通常处于滞流区，因此一般先假设沉降在滞流区内。

应注意，只有当悬浮系统中的每个粒子独自沉降而不互相干扰时，按上述各式计算出的 u_t 值才与实际沉降速率接近，这种情况称为自由沉降。实际非均相物系中存在许多颗粒，粒子之间相距很近，沉降时互相干扰，这种情况称为干扰沉降。干扰沉降的沉降速率较自由沉降时为小，必要时要用某些经验法则加以修正。

例 3-1 尘粒的直径为 10μm，密度为 2000kg/m³。已知空气的密度为 1.2kg/m³，黏度为 0.0185mPa·s，求它在空气中的沉降速率。

解 先假定在滞流区直接采用式(3-5) 计算，即

$$u_t = \dfrac{d_p^2(\rho_p-\rho)g}{18\mu}$$

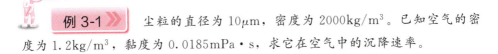

$$= \dfrac{(10\times10^{-6})^2\times(2000-1.2)\times9.807}{18\times0.0185\times10^{-3}} = 0.0059\,\text{m/s}$$

复验 Re_p 值

$$Re_p = \dfrac{d_p u_t \rho}{\mu} = \dfrac{10\times10^{-6}\times0.0059\times1.2}{0.0185\times10^{-3}} = 0.00384 < 1$$

原假设正确，所以 $u_t = 0.0059\,\text{m/s}$。

2. 重力沉降设备

（1）降尘室　降尘室又称除尘室，是利用重力的作用净制气体的设备。最简单的形式是在气道中装置若干垂直挡板的降尘气道，如图 3-2 所示。降尘气道具有相当大的横截面积和一定的长度。当含尘气体进入气道后，因其流动截面增大，流速降低，使得灰尘在气体离开气道以前，有足够的停留时间沉到室底而被除去。

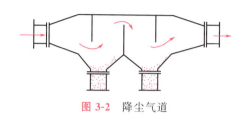
图 3-2　降尘气道

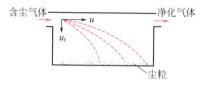
图 3-3　降尘室示意图

现结合图 3-3 分析水平流动的降尘室性能。

设　l——降尘室的长度，m；

　　H——降尘室的高度，m；

　　b——降尘室的宽度，m；

　　u_t——颗粒的重力沉降速率，m/s；

　　u——气体在降尘室内水平通过的流速，m/s；

　　q_v——降尘室所处理的含尘气体的体积流量，m³/s（又称降尘室的生产能力）。

气体通过降尘室的时间 θ 为

$$\theta = \frac{l}{u}$$

颗粒沉降至室底所需要的时间为

$$\theta_t = \frac{H}{u_t}$$

一般地说，只要颗粒在设备内的停留时间 θ 大于或等于它的沉降时间 θ_t，则颗粒便可以从气流中除去。所以颗粒能除去的条件为

$$\theta \geqslant \theta_t$$

即

$$\frac{l}{u} \geqslant \frac{H}{u_t} \tag{3-8}$$

又

$$u = \frac{q_v}{bH} \tag{3-9}$$

将式(3-9)代入式(3-8)并整理可得

$$q_v \leqslant blu_t \tag{3-10}$$

可见,降尘室的生产能力仅与其沉降面积 bl 及颗粒的沉降速率 u_t 有关,而与降尘室的高度无关,故降尘室以取扁平的几何形状为佳,可将降尘室作成多层。图 3-4 所示称为多层降尘室,室内以水平隔板均匀分成若干层,隔板间距为 $40 \sim 100 \mathrm{mm}$。

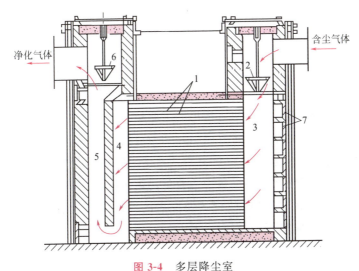

图 3-4 多层降尘室
1—隔板;2,6—调节闸阀;3—气体分配道;4—气体集聚道;5—气道;7—清灰口

式(3-10) 中的沉降速率 u_t 应根据需要分离下来的最小颗粒计算;气流速率 u 不应过高,以免使已沉降的颗粒重新飞扬,对于含有不同灰尘的气体,也有些经验数据可供决定气速时参考。例如,对金属尘粒的分离可取 $u<3\mathrm{m/s}$;对较易扬起的炭黑或淀粉等,可取 $u<1.5\mathrm{m/s}$。

尘降室结构简单,阻力小,但体积大,实际净制气体的程度低,只适用于分离直径在 $75\mu\mathrm{m}$ 以上的粗粒,一般作预除尘器使用。多层降尘室虽能分离细小的颗粒并节省地面,但出灰不便。

(2) 沉降槽 沉降槽又称增稠器或增浓器,是利用颗粒重力的差别使液体中的固体颗粒沉降的设备。

如图 3-5 所示,是一种应用广泛的连续沉降槽,具有澄清液体和增稠悬浮液的双重作用。它是一个底部略具有圆锥形的大直径浅槽,槽内装设有转速为 $0.1 \sim 1\mathrm{r/min}$ 的转耙 7,7 上固定有短的钢耙。悬浮液连续地沿进料槽道 1 从上方中央进料口 3 送到液面以下的 $0.3 \sim 1.0\mathrm{m}$ 处,分布到整个槽的横截面上,颗粒下沉而清液上升。浓稠的沉渣降到器底,由一徐徐转动的耙缓慢地集拢到底部

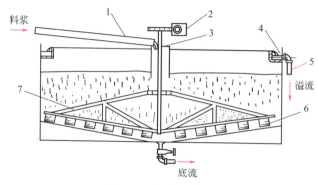

图 3-5　连续沉降槽

1—进料槽道；2—转动机构；3—进料口；4—溢流槽；5—溢流管；6—叶片；7—转耙

中央的卸渣口，经管连续地排出，排出的沉淀呈稠浆状，称为底流。清液经上口边缘的溢流槽 4 连续地从溢流管 5 流出，称为溢流。

连续沉降槽直径可达 10～100m，深为 2.5～4m。适用于处理大流量、低浓度、较粗颗粒的悬浮液。这种设备构造简单，操作可以连续化和机械化，但是设备庞大，占地面积大。经过这种设备处理后的沉渣中还含有大约 50% 的液体，必要时再将沉渣送到过滤机或离心机中进一步分离。

二、离心沉降

在惯性离心力作用下实现的沉降过程称为离心沉降。悬浮在流体中的颗粒利用离心力，比利用重力可以使颗粒的沉降速率增大很多，这是因为离心力由旋转而产生，旋转的速率愈快则产生的离心力愈大；而颗粒在重力场中所受的重力作用则是一个定值。因此，将颗粒从悬浮物系中分离时，利用离心力比利用重力有效得多。同时利用离心力作用分离设备，不仅能分离出比较小的颗粒，而且设备的体积亦可缩小。

1. 离心沉降速率

当固体颗粒随着流体一起快速旋转时，如果颗粒的密度大于流体的密度，离心力会使颗粒穿过运动的流体而甩出，沿径向方向沉降。此时颗粒在径向上受到三个力的作用，即从旋转中心指向外周的离心力、沿半径指向旋转中心的向心力（相当于重力场中的浮力）和与颗粒运动方向相反，沿半径指向旋转中心的阻力。同重力沉降相似，当颗粒在径向沉降方向上，所受上述三力达平衡时，颗粒则作等速运动，此时颗粒在径向上相对于流体的速率便是颗粒在此位置上的离心沉降速率。

根据三力达平衡时，同样可导出球形颗粒离心沉降速率的计算式为

$$u_c = \sqrt{\frac{4d_p(\rho_p-\rho)}{3\zeta\rho} \times \frac{u_T^2}{R}} \quad (3-11)$$

式中 u_c——球形颗粒的离心沉降速率，m/s；

u_T——颗粒的切线速率，m/s；

R——颗粒的旋转半径，m。

上式与式(3-1)比较可知，颗粒的离心沉降速率 u_c 与重力沉降速率 u_t 有相似的关系式，只是将式(3-1)中重力加速度 g 改为离心加速度 u_T^2/R。但 u_c 的方向是径向向外，且 u_c 随旋转半径而变化，所以颗粒的离心沉降速率 u_c 本身不是一个恒定数值，随颗粒所处的位置而变。

在离心沉降时，当颗粒与流体的相对运动属于滞流，其阻力系数 ζ 也可用式(3-2)表示，将此式代入式(3-11)即可得：

$$u_c = \frac{d_p^2(\rho_p-\rho)}{18\mu} \times \frac{u_T^2}{R} \quad (3-12)$$

将式(3-12)与式(3-5)相比，可得

$$\frac{u_c}{u_t} = \frac{u_T^2}{gR}$$

如果旋转半径为1m，切线速度 u_T 为20m/s，代入上式可得

$$\frac{u_c}{u_t} = \frac{20^2}{9.807 \times 1} = 40.8$$

这个结果表明同一颗粒在上述条件下的离心沉降速率，等于重力沉降速率的40.8倍，足见离心沉降的分离效果，远较重力沉降分离效果为好。

2. 离心沉降设备

(1) 旋风分离器　旋风分离器是利用惯性离心力的作用，从气流中分出尘粒的设备。图3-6所示是旋风分离器代表性的结构形式，称为标准旋风分离器。主体上部为圆筒形，下部为圆锥形。各部位尺寸均与圆筒直径成比例，比例标于图中。只要规定出其中直径 D，则其他各部位的尺寸即可确定。

操作时含尘气体以15～20m/s的速度，在圆筒侧面由矩形进口管切向进入器内，获得旋转运动，受器壁的约束由上向下作螺旋运动。在惯性离心力作用下，颗粒被抛向器壁，再沿壁面落到锥底的排灰口而与气流分离。净化后气体在底部转折向上螺旋运动，成为内层的上旋气流，称为气芯，最后由顶部的中央排气管排出。图3-7描绘了气流在器内的运动情况。通常，把下行的螺旋形气流称为外旋流，上行的螺旋形气流称为内旋流，内、外旋流气体的旋转方向相同。外

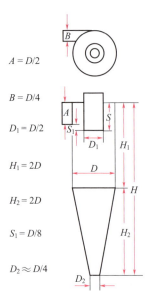

图 3-6 标准旋风分离器尺寸的比例

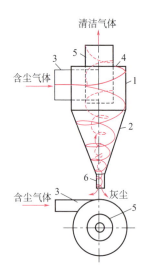

图 3-7 旋风分离器内气体流动的情况

1—外壳；2—锥形底；3—气体入口管；4—盖；
5—气体出口管；6—除尘管

旋流的上部是主要除尘区。

旋风分离器的结构简单，没有运动部件，可用多种材料制造，操作不受温度、压力限制，分离效果好。它可以分离出小到 $5\mu m$ 的颗粒，对于颗粒含量高于 $200g/m^3$ 的气体，由于颗粒聚结的作用，甚至可除去 $3\mu m$ 以下的颗粒。它的缺点是气体在器内流动阻力大，颗粒对器壁有较严重的机械磨损，对气体流量敏感。旋风分离器不适用于处理黏性粉尘、含湿量高的粒尘和腐蚀性粉尘。旋风分离器的性能不仅受含尘气体的物理性质、含尘浓度及操作条件的影响，还与设备的结构尺寸密切相关。为了提高分离效果及降低气流的阻力，对标准旋风分离器加以改进，则出现了一些新的结构类型。目前我国对各种类型的旋风分离器已制定了系列标准，各种型号旋风分离器的尺寸和性能均可从有关资料和手册中查到。

（2）旋液分离器　旋液分离器是一种利用惯性离心力的作用，分离以液体为主的悬浮液或乳浊液的设备。它的构造和工作原理与旋风分离器相类似，形状如图 3-8 所示。

旋液分离器不能将固体颗粒与液体介质完全分开，悬浮液经入口管由切向进入圆筒，向下作螺旋形运动，固体颗粒受离心力作用被甩向器壁，并随旋流降到锥底的出口。由底部排出的稠厚悬浮液称为底流；清液或只含有很细颗粒的液体则形成螺旋上升的内旋流,由器顶的溢流管排出,称为溢流。由于离心力的作用,在内层旋流中心还有一个处于负压的空气芯。

旋液分离器的底部出口是打开的。调节此口的开度,可以调节底流量与溢流量的比例,从而可使几乎全部或仅使一部分颗粒从底流中排出。使全部颗粒从底流中排出并得到稠厚浆液的操作,称为增稠。如使大直径颗粒从底流中排出,小直径颗粒从溢流中排出的操作,称为分级。还可以通过对底流量与溢流量之比的调节,控制两部分中颗粒大小的范围。

旋液分离器与旋风分离器相比较,直径小而圆锥部分长。其原因在于固、液密度差比固、气密度差小,在一定的切向进口速率下,小直径的圆筒有利于增大惯性离心力,可提高沉降速率;锥形部分加长,可增大液流的行程,延长了悬浮液在器内的停留时间,有利于分离。

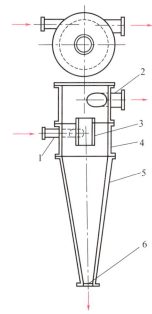

图 3-8 旋液分离器
1—悬浮液进口;2—溢流出口;
3—中心溢流管;4—筒体;
5—锥体;6—底流出口

旋液分离器构造简单,无运动部分,占地面积小,处理能力大,设备费用低,有利于实现工艺连续化、自动化。旋液分离器往往是很多台串联起来使用,它可以从液流中分出直径为几微米的小颗粒,但通常是作为分级设备来使用。由于圆筒直径小(常见的范围是 50~300mm),液体进口速度大(可到 10m/s),故流体阻力很大,磨损也较严重。因此旋液分离器采用耐磨材料制造或采用耐磨材料作内衬。

近年来,为了使微细物料悬浮液有效地分离,开发了超小型旋液分离器(指直径小于 15mm 的旋液分离器),对 2~5μm 的细粒具有很高的分离效率。根据生产能力(m^3/h)要求,可采用许多小旋液分离器并联操作。

第二节 过滤

过滤是分离悬浮液最常用的单元操作之一。利用过滤可以获得清净的液体或固体产品。与沉降分离相比,过滤操作可使悬浮液的分离更迅速、更彻底。在某些场合过滤是沉降的后继操作。

一、过滤操作的基本概念

1. 过滤操作的原理

如图 3-9 所示为过滤操作示意图。在过滤操作中,通常称原有的悬浮液为滤浆或料浆,被截留在多孔介质上的固体称为滤渣或滤饼,通过多孔介质的液体称为滤液。过滤时悬浮液置于过滤介质一侧,在过滤介质两侧压强差的作用下,液体从过滤介质的小孔中流过,而固体颗粒被截留在过滤介质上形成滤饼层。由于滤浆中固体颗粒大小不一,过滤介质中微细孔道的尺寸可能大于悬浮液部分小颗粒的尺寸,因而过滤之初会有一些细小颗粒穿过介质而使滤液混浊,但是不久颗粒会在孔道中发生"架桥"现象,如图 3-10 所示,使小于孔道尺寸的细小颗粒也能被截留,当滤饼开始形成时,滤饼变清,过滤真正开始进行。所以说在过滤中,真正发挥截留颗粒作用的主要是滤饼层而不是过滤介质。

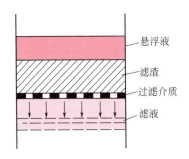

图 3-9　过滤操作示意图

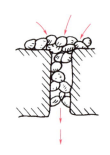

图 3-10　架桥现象

2. 过滤介质

过滤操作中所用的过滤介质是过滤设备上一个极为重要的组成部分,常常是整个过滤过程的关键。工业上用的过滤介质,主要有以下几种。

(1) 织物介质　编织滤布是品种最多、用途最广的介质,它们的材质可以是棉、毛、丝、麻等天然纤维以及各种化学纤维,如聚氯乙烯、聚乙烯、聚酯纤维等。也可以是用玻璃棉丝或金属丝如不锈钢、黄铜、镍丝织成的滤网。这类介质能截留 $5\sim65\mu m$ 的固体颗粒。

(2) 多孔性固体介质　如多孔性陶瓷板或管、多孔塑料板或由金属粉末被烧结而成的多孔性金属陶瓷板及管等。此类介质能截留小至 $1\sim3\mu m$ 的固体颗粒。

(3) 堆积介质　包括颗粒状的细沙、石砾、炭屑等堆积而成的颗粒床层及非编织纤维玻璃棉等的堆积层。一般用于处理含固体量很少的悬浮液,如水的净化处理等。

过滤介质的选择要根据悬浮液中固体颗粒的含量及粒度范围，介质所能承受的温度和它的化学稳定性、机械强度等因素来考虑。合适的介质，可带来以下效益：滤液清洁，固相损失量小；滤饼容易卸除；过滤时间少；过滤介质不致因突然地或逐渐地堵塞而破坏；过滤介质容易获得再生。

3. 滤饼和助滤剂

滤饼是被过滤介质截留的固体颗粒层，它可分为可压缩和不可压缩两种。若滤饼是由不易变形的颗粒组成（如硅藻土、碳酸钙等），当滤饼两侧的压差增大时，颗粒的形状和床层的孔隙都基本不变，单位厚度床层的阻力可视为恒定，此类滤饼称为不可压缩滤饼。反之，若滤饼是由较易变形的颗粒组成（如胶体颗粒），当滤饼两侧的压差增大时，颗粒的形状和床层的孔隙都会有不同程度的改变，使单位厚度床层的阻力增大，此类滤饼称为可压缩滤饼。

对可压缩滤饼，当过滤介质两侧的压强差增大时，会使滤饼中流动孔道缩小，导致流动阻力增加；有时过滤某些细微而有黏性的颗粒时，形成较致密的滤饼层，使流动阻力很大；也有时因颗粒过于细密而将过滤介质通道堵塞。遇上述情况则可将某种质地坚硬而能形成疏松床层的另一种固体微粒预先涂于过滤介质上，或者混入悬浮液中，以形成较为疏松的滤饼，使滤液得以畅流。这种预涂或预混的固体物料称为助滤剂。对助滤剂的基本要求是：颗粒均匀、坚硬、不易被压力所变形，不溶于液相，不与悬浮液反应，具有化学稳定性。经常被采用的助滤剂有硅藻土、珠光粉、炭粉、纤维粉末、石棉等。由于助滤剂混在滤饼中不易分离，所以一般只是以获得清净的滤液为目的时，才使用助滤剂。

4. 过滤速率

过滤速率是指单位时间内获得的滤液体积。在过滤操作中，滤饼厚度不断增加，阻力不断增大，而使滤液的流动呈非稳定态的流动，故任一瞬间的过滤速率可写成如下微分形式：

$$U = \frac{dV}{d\theta} \tag{3-13}$$

式中　U——瞬间过滤速率，m^3/s；

　　　V——滤液体积，m^3；

　　　θ——过滤时间，s。

实践证明，过滤速率与过滤推动力成正比，与过滤阻力成反比。当推动力一定时，过滤速率将随操作过程的进行逐渐降低，若要维持一定的过滤速率，则必须逐渐增加推动力。因此过滤操作可有不同的操作方式，如可以在恒压强差、变速率的条件下进行，称为恒压过滤；也可以在恒速率、变压强差的条件下进行，称为**恒速过滤**；有时为了避免过滤开始时因过滤介质表面无滤饼层，过滤阻力小，过高的压强差会使细小颗粒通过介质使滤液浑浊或堵塞介质孔道，可先采用较小的压强差使其缓慢升高以维持恒速操作，当压强差升至系统允许的最高值时，再转入恒压过滤，即采用先恒速后恒压的操作方式。

5. 影响过滤速率的因素

（1）过滤面积　增大过滤面积可增大过滤速率。

（2）悬浮液的黏度　黏度越小，过滤速率越快。在条件允许时，提高悬浮液的温度可使黏度减小，过滤速率增加。

（3）过滤推动力　过滤推动力是滤渣和过滤介质两侧的压强差，增大过滤推动力可以提高过滤速率。一般增大过滤推动力的方法有：

① 增加悬浮液本身的液柱压强，一般不超过 50kPa，称为重力过滤；

② 增加悬浮液液面上的压强，一般可达 500kPa，称为加压过滤；

③ 在过滤介质下面抽真空，通常不超过 86.6kPa 真空度，称为真空过滤。

此外，过滤推动力还可以用离心力来增大，称为离心过滤。

（4）过滤介质和滤饼的性质　过滤介质和滤饼性质的影响主要表现在过滤的阻力上。过滤介质的阻力与其材料、结构、厚度等有关，应尽量选用阻力小的过滤介质。实际上，过滤介质阻力仅在过滤开始时较为显著，当滤饼层沉积到相当厚度时，过滤阻力主要决定于滤饼的厚度及其特性。滤渣越厚，颗粒越细，结构越紧密，则过滤阻力越大，过滤速率越小。使用助滤剂可以改善滤饼的结构，降低滤饼的阻力。当过滤进行到一定时间后，由于滤饼增厚使过滤阻力太大，此时应将滤饼除去，重新开始过滤。

6. 滤饼的洗涤

当过滤结束后，有一部分滤液仍保留在滤饼颗粒之间，这时用洗液（通常为清水）除去滤饼中所含的残留滤液，称为滤饼的洗涤。工业生产上洗涤滤饼的目的在于回收有价值的滤液或除去滤饼中的杂质。滤饼洗涤有两种方式：一种是滤饼在过滤机上直接用洗液进行洗涤；另一种是将滤饼从过滤机卸除下来，放在贮槽中用洗液混合搅拌洗涤，然后再用过滤方式除去洗液。

二、过滤设备

工业上应用的过滤设备称为过滤机。过滤机的种类繁多，下面介绍两种常用的过滤机。

1. 板框压滤机

板框压滤机主要由尾板、滤框、滤板、主梁、头板和压紧装置等组成，如

图 3-11 所示。两根主梁把尾板和压紧装置连在一起构成机架，机架上靠近压紧装置一端放置头板，在头、尾板之间交替排列着滤板和滤框，板、框间夹着滤布。

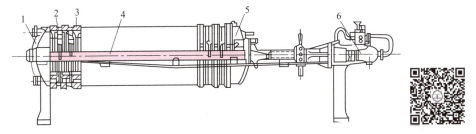

图 3-11　液压压紧板框压滤机　　　　M3-1　板框压滤机
1—尾板；2—滤框；3—滤板；4—主梁；5—头板；6—压紧装置

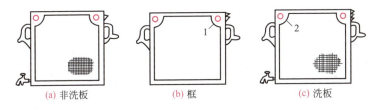

图 3-12　明流式板框压滤机的板与框
1—滤浆进口；2—洗液进口

板框压紧后，滤框与其两侧滤板所形成的空间构成若干个过滤室，在过滤时用以积存滤渣。其压紧方式有两种：一种是手动螺旋压紧，另一种是液压压紧。

板框压滤机在形式上分明流和暗流，滤液从每片滤板的出液口直接流出的为明流；滤液集中从尾板的出液口流出的为暗流。板框压滤机有的又分可洗和不可洗的两种，具有对滤渣进行洗涤的结构称为可洗，否则为不可洗。

板与框多作成正方形，其构造如图 3-12 所示。滤板的侧表面在周边处平滑，而在中间部分有沟槽；滤板上的沟槽都和其下部通道连通，通道的末端有一小旋塞用以排放滤液，滤板的上方两角均有小孔。它又分成两种，如图 3-12(c) 为洗板，图 3-12(a) 为非洗板。洗板和非洗板结构上的区别是，洗板左上角的孔还有小通道与板面两侧相通，洗液可由此进入。滤框的上方两角也均有孔，在上角的孔有小通道与框内的空间相通，滤浆由此进入滤室。为了便于区别，在板与框的边上有小钮或其他标志，非洗板以一钮为记，洗板以三钮为记，而滤框则用两钮。

板框压滤机的操作是间歇的，每个操作循环由装合、过滤、洗涤、卸渣、整理五个阶段组成。装合时将板与框按钮数 1-2-3-2-1… 的顺序置于机架上，板的两侧用滤布包起（滤布上亦根据板、框角上孔的位置而开孔），然后用手动或机动的压紧装置将活动机头压向头板，使框与板紧密接触。过滤时悬浮液在指定压强下经滤浆通道，由滤框角端的暗孔进入框内，图 3-13(a) 所示，为明流式压滤机的过滤情况，滤液分别穿过两侧滤布，再沿邻板板面流至滤液出口排出，滤渣则被截留于框内。待滤饼充满全框后，停止过滤。若滤渣需要洗涤时，则将洗涤液压入洗液通道，并经由洗涤板角端暗孔进入板面与滤布之间。此时关闭洗涤板下部的滤液出口，洗液便在压强差推动下横穿一层滤布及整个滤框厚度的滤渣，然后再横穿过一层滤布，最后由非洗板下部的滤液出口排出，如图 3-13(b) 所示。此种洗涤方式称为横穿洗法。洗涤结束后，将压紧装置松开，卸出滤渣，清洗滤布，整理板框，重新装合，进行另一个操作循环。若滤液不宜暴露在空气中，则需将各板流出的滤液汇集于总管后送走，其过滤和洗涤时，机内液体流动路径如图 3-14 所示。暗流式因为省去了板上的排出阀，在构造上比较简单。

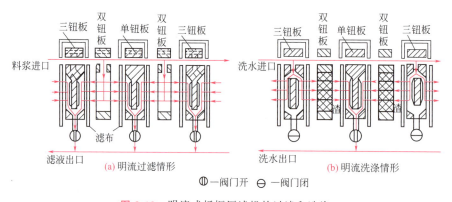

图 3-13　明流式板框压滤机的过滤和洗涤

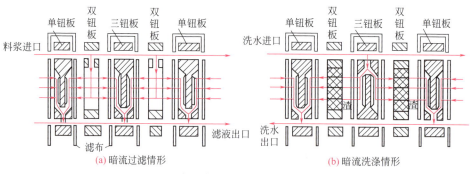

图 3-14　暗流式板框压滤机的过滤和洗涤

板框压滤机的优点是构造简单，操作容易，故障少，保养方便；单位过滤面积占地少，过滤面积选择范围宽；过滤操作压强较高，推动力大，滤渣的含水率低;便于用耐腐蚀材料制造,对物料的适应性强。它的主要缺点是间歇操作,劳动强度大,滤布损耗多。目前,国内已生产各种自动操作的板框压滤机,使上述缺点得到一定程度的改善。

2. 转筒真空过滤机

这是工业上应用较广的一种连续式过滤机,如图 3-15 和图 3-16 所示为一台转筒真空过滤机(也称转鼓真空过滤机)的外形图和操作简图。过滤机的主要部分包括转筒、滤浆槽、搅拌器和分配头。转筒长度和直径之比约为 1/2~2。转筒里一般有 10~30 个彼此独立的扇形小滤室,在小滤室的圆弧形外壁上,装着覆以滤布的排水筛板,这样便形成了圆柱形过滤面。每个小滤室都有管路通向分配头,使小滤室有时与真空源相通,有时与压缩空气源相通。运转时浸没于滤浆中的过滤面积约占全部面积的 30%~40%。转速为 0.1~3r/min。每旋转一周,过滤面积的任一部分,都顺次经历过滤、洗涤、吸干、吹松、卸渣等阶段。因此,每旋转一周,对任何一部分表面来说,都经历了一个操作循环,而任何瞬间,对整个转筒来说,其各部分表面都分别进行着不同阶段的操作。

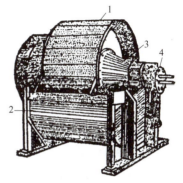

图 3-15 转筒真空过滤机的外形图
1—转筒;2—滤浆槽;
3—主轴;4—分配头

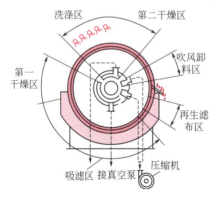

图 3-16 转筒真空过滤机的操作简图

M3-2 转筒真空过滤机

分配头由一个与转筒连在一起的转动盘和一个与之紧密贴合的固定盘组成,分别如图 3-17 所示。转动盘上每一个小孔各与转筒的扇形小滤室相通,其随转筒同步旋转。固定盘上有四个通道,分别与通至滤液罐、洗液罐的两个真空源管路及通至空压机稳定罐的压缩空气源管路相连通。当转动盘上的某个小孔 7 与固

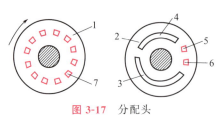

图 3-17 分配头

1—转动盘；2—固定盘；3,4—与真空管路相通的孔道；5,6—与压缩空气管路相通的通道；7—转动盘上的小孔

定盘上孔道 3 相通时，转筒上的这个扇形小滤室即与真空源管路接通，而通向滤液罐，此时滤液可从这个扇形小滤室的表面吸入，而流入滤液槽中，同时滤渣即沉于其上。转动盘上的这个小孔继续转到与固定盘上通道 4 相通时，扇形小滤室内仍是真空，但与洗液罐相通，这时扇形小滤室表面吸入的是洗液，而流入洗液罐中。当转动盘上小孔转动到与固定盘上通道 5 和 6 相通时，这个扇形小滤室则与压缩空气源相通，其室内变成加压，有空气吹向转筒这部分表面，将沉积于其上的滤渣吹松，并将滤布吹净。这个小滤室再往前转便重新浸入滤浆中，开始进行下一个操作循环。通过分配头这个机构，转筒的表面在任何瞬间都划分为几个区域：吸滤区、第一干燥区、洗涤区、第二干燥区、吹风卸料区、再生滤布区。每当转动盘上的小孔与固定盘上两通道之间的位置相遇时，则小孔对应的扇形小滤室即与外界不相连通，此时也就停止操作，以便从一个操作区转向另一个操作区，不致使两区互相串通。

转筒真空过滤机的突出优点是操作连续、自动。其缺点是转筒体积庞大，但形成的过滤面积不大，过滤的推动力不大，悬浮液温度不能过高，滤渣洗涤不够充分。此种设备对于过滤操作以固相为产品，不要求充分洗涤，比较易于分离的场合，特别是对于单品种生产中，大规模处理固体物含量很大的悬浮液，是十分适用的。

近年来过滤技术发展较快。过滤设备的开发与研究主要着重于提高自动化程度，降低劳动强度，改善劳动条件；减少过滤阻力，提高过滤速率；减少设备所占空间，增加过滤面积；降低滤饼含水率，减少后继干燥操作的能耗等。

第三节　离心分离

离心分离是利用离心力来分离流体中悬浮的固体微粒或液滴的方法。其设备除前述的旋风（液）分离器以外，更重要的还有离心机。离心机是利用离心力分离液态非均相物系的设备，常用来从悬浮液中分离出晶体颗粒和纤维状物质，或从乳浊液中分离出重液和轻液。离心机的主要部件是一个快速旋转的转鼓，转鼓装在垂直或水平轴上。它与旋风（液）分离器的主要区别在于离心力是由设备本身旋转而产生的，并非由于被分离的混合物以一定的速度沿切线方向进入设备而引起的。

一、影响离心分离的主要因素

在离心机内进行离心分离时,由于物料在转鼓内绕中心轴作匀速圆周运动,则作用于此旋转物料的离心力的大小,可表示如下:

$$离心力 = ma_R = mR\omega^2 = m(2\pi n)^2 R = 4\pi^2 m n^2 R \tag{3-14}$$

式中　m——物料的质量,kg;
　　　a_R——离心加速度,m/s²;
　　　R——旋转半径,m;
　　　ω——旋转角速度,rad/s;
　　　n——转速,s⁻¹。

物料在上述离心力场中所受的离心力,可比其在重力场中所受重力大几百倍到几万倍。物料在离心力场中所受离心力与重力大小之比,称为**离心分离因数**,以 α 表示,即

$$\alpha = \frac{ma_R}{mg} = \frac{\omega^2 R}{g} \tag{3-15}$$

由上式可见,离心分离因数 α 也可用离心加速度 $\omega^2 R$ 与重力加速度 g 的比值表示,它是衡量离心机特性的重要因素。它表示离心力场的强度。α 值越大,离心力越大,离心机的分离能力也就越强。同时由上式可知,增加转鼓的转速,离心分离因数增大很快,而增大转鼓半径,离心分离因数的增大就比较缓慢,因此,为了提高 α 值,一般采用增加转速的办法,但同时适当地减小转鼓的半径,以保证转鼓有足够的机械强度。

二、离心机

1. 离心机的分类

(1) 依离心机的离心分离因数的大小,可将离心机分为以下三类:
① 常速离心机,$\alpha < 3000$(一般 600~1200);
② 高速离心机,$\alpha = 3000 \sim 50000$;
③ 超速过滤式,$\alpha > 50000$。

最新式的离心机,其离心分离因数可高达 5×10^5 以上,常用来分离胶体微粒及破坏乳浊液等。

(2) 按操作原理分类,可分为过滤式、沉降式和分离式三类。
① 过滤式离心机　这种离心机转鼓壁上开有小孔,并衬以金属丝网或滤布,

悬浮液在转鼓带动下高速旋转,在离心力作用下,液体穿过滤布和小孔被甩出而颗粒被滤布截留在鼓内。

② 沉降式离心机 这种离心机转鼓壁上没开小孔,故只能增浓悬浮液,使密度较大的颗粒沉积于转鼓内壁,密度较小的液体集于中央并不断引出。

③ 分离式离心机 离心机转鼓壁上同样不开小孔,用以分离乳浊液。在转鼓内按轻重相分层,重相在外,轻相在内,各自在径向的适当位置引出。

(3) 按操作方法分类,可分为间歇式和连续式。间歇式离心机的加料、分离、洗涤、卸渣等各项操作均系间歇地依次进行。连续式离心机的各项操作均连续自动地进行。

此外还可根据离心机转鼓轴线的方向将离心机分为立式与卧式离心机。

2. 离心机的结构

离心机的结构形式很多,下面仅介绍几种典型的离心机。

(1) 三足式离心机 三足式离心机在工业上应用较早。图 3-18 所示是间歇操作、人工卸料式立式离心机。在这种离心机中为了减小转鼓的振动和便于拆卸,将转鼓、外壳和联动装置都固定在机座上。机座则借拉杆挂在三个支柱上,所以,称为三足式离心机。它有过滤式和沉降式两种,其卸料方法又有上部与下部卸料之分。

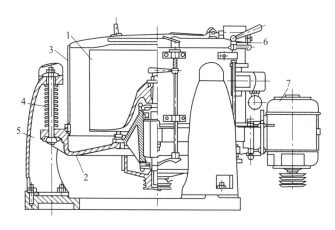

图 3-18 三足式离心机
1—转鼓;2—机座;3—外壳;4—拉杆;5—支柱;6—制动器;7—电动机

三足式离心机结构简单,制造方便,运转平稳,适应性强,适用于过滤周期较长,处理量不大,要求滤渣含液量较低的场合。缺点是上部卸料时劳动强度大,操作周期长,生产能力低。近年来已出现了自动卸料及连续生产的三足式离心机。

(2) 卧式刮刀卸料离心机　图 3-19 所示是卧式刮刀卸料离心机。其特点是，在转鼓全速运转的情况下能够自动地依次进行加料、分离、洗涤、甩干、卸料、洗网等工序的循环操作。每一工序的操作时间可按预定的要求由电气-液压系统按程序进行自动控制，也可用人工直接操纵。

操作时，进料阀门自动定时开启，悬浮液进入全速运转的鼓内，液相经滤网及鼓壁上小孔被甩到鼓外，再经机壳排液口流出。留在鼓内的滤渣借耙齿均匀分布在滤网面上。当滤渣达到指定厚度时，进料阀自动关闭。随后冲洗阀自动开启，洗液喷洒在滤渣上洗涤一定时间，阀门自动关闭。再经甩干一定时间后，刮刀自动上升，滤渣被刮下并经倾斜的溜槽排出。刮刀升到极限位置后自动退下，同时冲洗阀又开启，对滤网进行冲洗，持续一定的时间后，随即完成一个操作周期。又重新开始进料进入下一个操作周期。

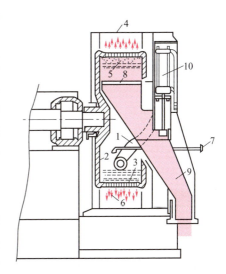

图 3-19　卧式刮刀卸料离心机
1—进料管；2—转鼓；3—滤网；4—外壳；
5—滤渣；6—滤液；7—冲洗管；8—刮刀；
9—溜槽；10—液压缸

刮刀卸料离心机最大优点是对物料的适应性强，固体颗粒的粒度可以从很细到很粗都能应用。对于悬浮液浓度的变化及进料量的变化也不敏感。过滤时间、洗涤时间均可自由调节，滤渣较干，并可得到很好的洗涤。一般在全速下完成各个工序，生产能力大。能过滤和沉降某些不易分离的悬浮液。缺点是刮刀卸料对部分物料造成破损，刮刀需经常修理更换。

(3) 管式高速离心机　如图 3-20 所示，为尽量减小转鼓所受应力并保证物料在鼓内有足够长的停留时间，转鼓是直径小而长度大的管状结构，其直径一般为 100～200mm，高约为 0.75～1.5m。转速高达 8000～50000r/min，离心分离因数可达 15000～60000。

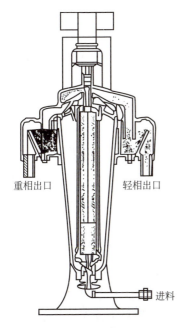

图 3-20　管式高速离心机

用作乳浊液分离时，则将乳浊液从底部的进口送入，在管内自下而上的流动过程中，因受离心力的作用，依密度不同而分成内外两个同心层，到达顶部时则分别自轻液溢出口和重液溢出口送出管外。若用于从液体中分离出少量极细的固体颗粒时，则将重液出口堵塞，只留轻液出口即可。而附于管壁上的细小颗粒，可间歇地将管取出以清除。

管式高速离心机的生产能力小，但能分离普通离心机难以处理的物料，如分离乳浊液及含有极少的微小粒子的悬浮液。

第四节　气体的其他净制设备

从气体或蒸气中除去所含的固体或液体颗粒而使其净化的方法，除可用前面所述的重力沉降与离心沉降外，还可以利用过滤、静电作用以及用液体对气体进行洗涤等方法来进行。

一、袋滤器

使含尘气体穿过做成袋状而支撑在适当骨架上的滤布，以滤除气体中尘粒的设备称为袋滤器。

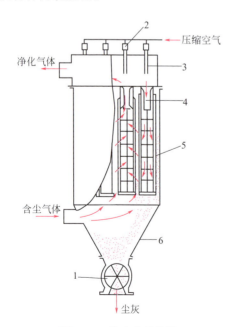

图 3-21　脉冲式袋滤器

1—排灰斗；2—电磁阀；3—喷嘴；4—文丘里管；5—滤袋骨架；6—灰斗

袋滤器主要由滤袋及其骨架、壳体、清灰装置、灰斗和排灰阀等部分组成。图 3-21 所示为一脉冲式袋滤器，含尘气体自下部进入袋滤器，气体由外向内穿过支撑于骨架上的滤袋，颗粒被截留于滤袋外表面上，而净制气体则汇集于顶部排出。过滤一段时间之后，则利用压缩空气的反吹系统进行清灰，脉冲气流从袋内向外吹出，使尘粒落入灰斗。每次清灰时间很短，随后则转入过滤阶段，如此自动地进行循环操作。

袋滤器除尘效率高，一般可达 90% 以上，可以除去粒径小于 $1\mu m$ 的粉尘。这种分离方法比较可靠，很早就获得应用。其缺点为滤布磨损或堵塞较快，不适于热的或湿的气体净制。

二、文丘里除尘器

文丘里除尘器是湿法除尘中分离效率较高的一种设备。其主体由收缩管、喉管及扩散管三段联接而成。液体由喉管外围的环形夹套经若干径向小孔引入。含尘气体以 40~120m/s 的高速通过喉部时,把液体喷成很细的雾滴而形成很大的接触面,在高速湍流的气流中,尘粒与雾滴聚结成较大的颗粒,这样就等于加大了原来尘粒的粒径,随后引入旋风分离器或其他分离设备进行分离,以达到气体净化的目的。收缩管的中心角一般不大于 25°,扩散管中心角为 7°左右,液体用量约为气体体积流量的千分之一。如图 3-22 为由文丘里管和旋风分离器组合而成的除尘器。

文丘里除尘器的特点是构造简单、操作方便、分离效率高,如气体中所含颗粒粒径为 0.5~1.5μm 时,其除尘效率可达 99%,但流体阻力较大,其压强降一般为 2~5kPa。

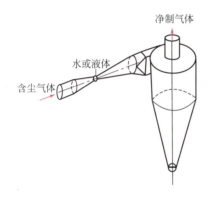

图 3-22 文丘里除尘器

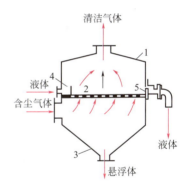

图 3-23 泡沫除尘器
1—外壳;2—筛板;3—锥形底;
4—进液室;5—溢液挡板

三、泡沫除尘器

泡沫除尘器适用于净制含有灰尘或雾沫气体的设备。如图 3-23 所示,其外壳是圆形或方形,上下分成两室,中间装有筛板,筛板直径为 2~8mm,开孔率为 8%~30%。水或其他液体由上室的一侧靠近筛板处的进液室 4 进入流过筛板,而气体由筛板下进入,穿过筛孔与液体接触时,筛板上即产生许多泡沫而形成一层泡沫层,此泡沫层是剧烈运动的气液混合物,气液接触面积很大,而且随泡沫的不断破灭和形成而更新,从而造成捕尘的良好条件。含尘气体上升时,较大的尘粒先被少部分由筛板泄漏下降的含尘液体洗去一部分,由器底排出;气体中的微小尘粒则在通过筛板后,被泡沫层所截留,并随泡沫层从器的另一侧经溢流板流出。溢流板的高度直接影响着泡沫层的高度,一般溢流板的高度不高于 40mm,否则流体阻力增加过大。

泡沫除尘器的阻力较小,分离效率较高,若气体中所含颗粒大于 $5\mu m$,分离效率可达 99%,但对设备安装要求严格,特别是筛板是否水平放置对操作影响很大。

四、电除尘器

当气体中含有极细的颗粒(或液滴)而又要求很高的除尘效率时,可采用电除尘器。电除尘器的分离原理是利用高压直流静电场的作用,使通过电场中的含尘气体发生电离,在电离过程中产生的离子附在尘粒上使尘粒带电,带电尘粒被带有相反电荷的电极所吸附,从而将尘粒从气体中分离出来。

电除尘器的优点是除尘效率高,可达 99.99%,可以除去小到 $0.1\mu m$ 以下的颗粒,阻力小,气体处理量大。缺点是设备较复杂,制造、安装和维护管理的要求高,投资大,所以一般只用于要求除尘效率高的场合。

思考题

3-1 什么是非均相物系?什么是分散相?什么是连续相?

3-2 非均相物系分离的目的有哪些?

3-3 非均相物系的分离方法有哪几种?

3-4 何谓重力沉降速率?如何计算?

3-5 降尘室的生产能力是否与高度有关?降尘室通常做成何种形状?

3-6 离心沉降与重力沉降有何异同?

3-7 何谓滤浆、滤饼、滤液、过滤介质?

3-8 助滤剂的作用是什么?用在哪些场合?

3-9 板框压滤机的每个操作循环由哪几个阶段组成?

3-10 何谓离心分离因数?它的大小对离心分离有何影响?如何提高离心分离因数?

习 题

3-1 试求直径 $70\mu m$,相对密度为 2.65 的球形石英粒子,分别在 20℃水中和在 20℃空气中的沉降速率。

3-2 已算出直径为 $40\mu m$ 的某小颗粒在 20℃空气中沉降速率为 0.08m/s,另一种直径为 1.5mm 的较大颗粒的沉降速率为 12m/s,试计算:

(1) 颗粒密度与小颗粒相同,直径减半,沉降速率为多大?

(2) 颗粒密度与大颗粒相同，直径加倍，沉降速率为多大？

3-3 密度为 2650kg/m³ 球形石英颗粒在 20℃空气中自由沉降，计算服从斯托克斯公式的最大颗粒直径及服从牛顿公式的最小颗粒直径。

3-4 气流中悬浮某种球形颗粒，其中最小颗粒为 10μm，沉降区内满足斯托克斯定律。今用一多层隔板降尘室，以分离此气体悬浮物。已知降尘室长度 10m，宽度 5m，共 21 层，每层高 100mm。气体密度为 1.1kg/m³，黏度 $\mu = 0.0218$ mPa·s，颗粒密度为 4000kg/m³。试问：

（1）为保证最小颗粒的完全沉降，可允许的最大气流速率为多少？

（2）此降尘室最多每小时能处理多少立方米气体？

3-5 过滤含 20%（质量分数）固相的水悬浮液，得到 15m³ 滤液。滤渣内含 30%水分。求所得干滤渣的量。

3-6 已知某离心机转鼓直径为 600mm，旋转速度为 1600r/min，试计算其离心分离因数。

第四章

传　热

传热即热量传递，化学工业与传热的关系甚为密切。因为化工生产中的很多单元过程和单元操作，都需要进行加热和冷却。例如，化学反应通常要控制在一定的温度下进行，为了达到和保持所要求的温度，就需要向反应器导入或从它向外移出一定的热量；又如在蒸发、蒸馏和干燥等单元操作中，都有一定的温度要求，所以也需要向这些设备导入或从它向外移出一定的热量。此外，化工设备的保温，生产中热能的合理利用以及废热的回收等，都涉及传热的问题。由此可见，传热普遍地存在于化工生产之中，且具有重要的作用。

化工生产中常遇到的问题，通常有以下两类：一类是要求传热设备的传热情况良好，以达到挖掘传热设备的潜力或缩小传热设备的尺寸，完成所要求的传热任务；另一类是减少或抑制热量的传递。如对高温设备与管道的保温以及对低温设备与管道的隔热，以达到节约能量，维持操作稳定，改善操作人员的劳动条件等目的。

M4-1　列管式换热器操作

本章内容主要是讨论前一类的传热问题，且重点讨论传热的基本原理及其在化工中的应用。

第一节　概述

一、传热的基本方式

热的传递是由于物体内部或物体之间的温度不同而引起的。热总是自动地从温度较高的部分传给温度较低的部分，或是从温度较高的物体传给温度较低的物体。根据传热机理的不同，传热的基本方式有**传导**、**对流**和**辐射**三种。

1. 传导

传导又称**热传导**，简称**导热**。其机理是当物体的内部或两个直接接触的物体之间存在着温度差异时，物体中温度较高部分的分子因振动而与相邻分子碰撞，并将能量的一部分传给后者，为此，热能就从物体的温度较高部分传到温度较低部分或从一个温度较高的物体传递给直接接触的温度较低的物体。其特点是物体中的分子或质点不发生宏观的相对位移。在金属固体中，自由电子的扩散运动，对于导热起主要作用；在不良导体的固体和大部分液体中，导热是通过振动能从一个分子传递到另一个分子；在气体中，导热则是由于分子不规则热运动而引起的。导热是固体中热传递的主要方式，而在流体中所进行的导热并不显著。

2. 对流

对流又称**热对流**。对流仅发生在流体中，其机理是由于流体中质点发生相对位移和混合，而将热能由一处传递到另一处。若流体质点的相对移动是因流体内部各处温度不同而引起的局部密度差异所致，则称为**自然对流**。用机械能（如搅拌流体）使流体发生对流运动的称为**强制对流**。热对流的实质是流体的质点携带着热能在不断的流动中，把热能给出或吸入的过程，在同一种流体中，有可能同时发生自然对流和强制对流。

但在实际上，热对流的同时，流体各部分之间还存在着导热，而形成一种较复杂的热传递过程。

3. 辐射

辐射又称**热辐射**，是一种以电磁波传递热能的方式。一切物体都能把热能以**电磁波**形式发射出去。热辐射的特点是不仅产生能量的转移，而且还伴随着能量形式的转换。如两个物体以热辐射的方式进行热能传递时，放热物体的热能先转化为辐射能，以电磁波形式向周围空间发射，当遇到另一物体，则部分或全部地被吸收，重新又转变为热能。热传导和热对流都是靠质点直接接触而进行热的传递，而热辐射则不需要任何物质作媒介。任何物体只要在绝对零度以上，都能发射辐射能，但是只有在高温下物体之间温度差很大时，辐射才成为主要的传热方式。

实际上，上述三种传热的基本方式，很少单独存在，而往往是互相伴随着同时出现。

二、工业换热方式

在化工生产中，换热的具体形式虽然很多，但都不外乎加热、冷却、汽化和冷凝。参与换热的两个物体，称为**载热体**。在换热过程中，具有较高温度而放出热量的物体，称为**热载热体**；具有较低温度而接受热量的物体，则称为**冷载热体**。在化工生产中所遇到的载热体大多数是流体（液体、气体），所以通常称其为**热流体**或**冷流体**。如果换热的目的是将冷载热体加热，则所用的热载热体称为加热剂，如水蒸气、烟道气等。若换热的目的是将热载热体冷却或冷凝，则所用的冷载热体称为冷却剂或冷凝剂，如空气、冷水等。把实现上述换热过程的设备称为**换热器**。

工业中的换热方式，按工作原理和设备类型，可分为以下三种方式。

1. 间壁式换热

这是生产中最常用的换热方式，其主要特点是冷热两种流体被一固体间壁隔开，在换热过程中，两种流体互不接触。传热时流体将热量传给间壁，再由间壁传给冷流体以达到换热目的，实现此种换热方式的设备，称为间壁式换热器。间壁式换热器的类型很多，如图4-1所示的套管式换热器，是由两根直径不同的管子套在一起组成的。冷、热流体分别流经内管和内、外管构成的环隙空间，以进行热交换。间壁式换热适用于两流体不允许混合的场合，这种要求在化工生产中是最为常见的。

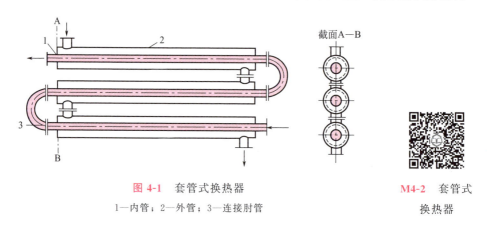

图 4-1　套管式换热器

1—内管；2—外管；3—连接肘管

M4-2　套管式换热器

2. 混合式换热

混合式换热的特点是依靠热流体和冷流体直接接触在混合中实现换热的，它具有传热速度快、效率高、设备简单等优点。实现此种换热方式的设备有：凉水塔、喷洒式冷却塔、混合式冷凝器等。

如图4-2所示干式逆流高位冷凝器中，蒸汽和冷水逆流接触，在其接触过程中，蒸汽冷凝为水。由此可见，混合式换热仅适用于无价值的蒸汽冷凝，或其冷凝液不要求是纯粹的物料，允许冷热两种流体直接接触的场合。

3. 蓄热式换热

蓄热式换热的特点为冷热两种流体间的热量交换是通过壁面周期性的加热和冷却来实现的。图4-3所示为一蓄热式换热器，器内装有耐火砖之类的固体填充物，用以贮蓄热量。当热流体流经蓄热器时，是加热期，热量被填充物壁面吸收，并贮蓄在壁面内；在冷流体流过的冷却期，壁面把所储蓄的热量又传给冷流体。这样，冷、热两种流体交替地流过填充物，利用固体填充物来蓄积和释放热量而达到冷、热两种流体换热的目的。这种换热方式一般用于气体介质之间的换热。但由于这种换热方式，在操作中难免在交替时发生两种流体的混合，所以在化工生产中使用受到限制。

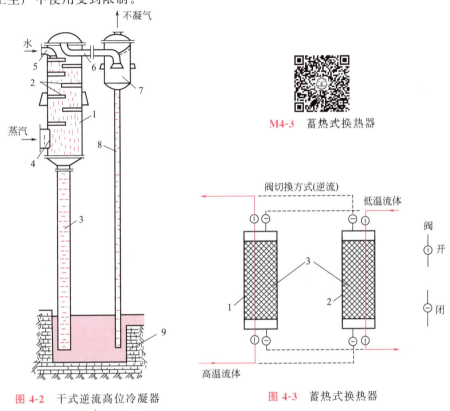

图 4-2　干式逆流高位冷凝器

1—外壳；2—淋水板；3,8—气压管；4—蒸汽进口管；5—水进口管；6—不凝气引出管；7—分离器；9—液封槽

图 4-3　蓄热式换热器

1,2—蓄热器；3—蓄热体

M4-3　蓄热式换热器

三、载热体及其选用

在化工生产中，如有热流体需要冷却或冷流体需要加热，则首先把它们用作热源或冷源，这样可以充分利用生产过程中的热能，提高经济效益。只有当应用这种流体不能满足要求时，才采用专门的载热体。载热体有许多种，应根据工艺流体所要求达到的温度，选择合适的载热体。

1. 常用的加热剂

（1）热水和饱和水蒸气　热水适用于 40~100℃；饱和水蒸气适用于 100~

180℃，其温度与压强有一一对应的关系，通过调节饱和水蒸气的压强，就可以控制加热温度，使用方便。另外，饱和水蒸气冷凝过程的传热速度快。用饱和水蒸气加热时，要经常排放不凝性气体和及时排出冷凝水。

(2) 烟道气　烟道气的温度可达700℃以上，应用烟道气作为热载热体可以将物料加热到比较高的温度。缺点是传热速度慢，温度不易控制。

(3) 高温载热体　当需要把物料加热到较高温度而又不宜用烟道气时，可采用矿物油，适用于180~250℃；联苯、二苯醚混合物，适用于255~380℃；熔盐（其质量分数依次为 KNO_3 53%，$NaNO_2$ 40%，$NaNO_3$ 7%）适用于140~530℃。

2. 常用的冷却剂

工业上常用的冷却剂有水、空气和冷冻盐水。水和空气可将物料冷至环境温度。若要冷至环境温度以下，则用无机盐（$NaCl$，$CaCl_2$）水溶液可将物料冷却至零下十几摄氏度至几十摄氏度。若要求冷却温度更低，常压下液态氨蒸发可达 $-33.4℃$，液态乙烷蒸发可达 $-88.6℃$。但低沸点液体的制备耗能极大。

四、稳定传热和不稳定传热

传热过程分稳定传热和不稳定传热两种。若传热系统中各点的温度仅随位置变化而不随时间变化，则此传热过程为稳定传热。例如在一个正常的连续生产的间壁式换热器中，进、出换热器的流体都有稳定的流量、温度等工艺条件，尽管流体在换热器内温度沿间壁流动方向上有变化，但在器内与流体流动方向相垂直的任何一个截面上，流体的温度都有一个确定的数值，且不随时间变化，即载热体在器内各点的温度不随时间而变化。像这种换热器内所进行的传热过程即是稳定传热。稳定传热的特点是单位时间通过传热间壁的热量是一个常量。与此相反，若传热系统中各点的温度不仅随位置不同而不同，且随时间而发生变化，这种传热过程为不稳定传热。

连续生产过程中所进行的传热多为稳定传热，在间歇操作的换热设备中，或连续操作的换热设备处于开、停车阶段所进行的传热，都属于不稳定传热。本章只讨论稳定传热。

第二节　热传导

一、平壁的稳定热传导

1. 单层平壁的热传导

一个物体的内部，只要各点间有温度差存在，则热量就会从高温点向低温点传导。由热传导方式所产生热流的大小，取决于物体内部各点的温度分布情况。

如图 4-4 所示，为一个由均匀材料构成的平壁，两侧表面积等于 A，壁厚为 δ，壁的两侧表面上温度保持为 t_1 和 t_2。如果 $t_1 > t_2$，则热量以热传导的方式，从温度为 t_1 的平面传递到温度为 t_2 的平面上。实践证明，单位时间内通过平壁的导热量 Q 与导热面积 A 和壁面两侧的温度差 $\Delta t = t_1 - t_2$ 成正比，而与壁的厚度 δ 成反比，即

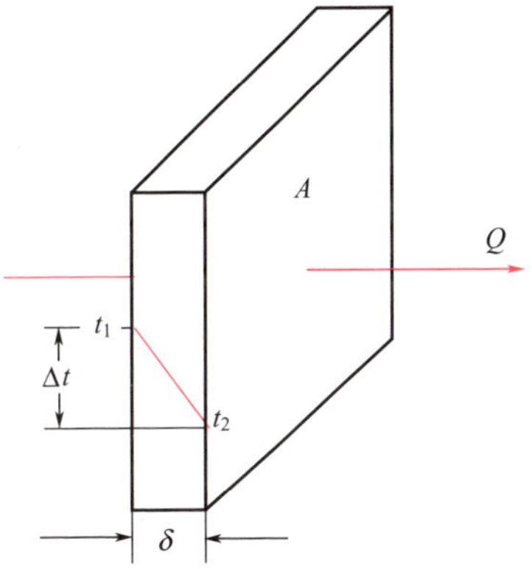

$$Q \propto A \frac{t_1 - t_2}{\delta}$$

图 4-4 单层平壁的热传导

引入比例系数 λ，把上式改写成等式，则得

$$Q = \lambda A \frac{t_1 - t_2}{\delta} \tag{4-1}$$

式中　Q——单位时间内通过平壁的导热量，即导热速率，W；
　　　Δt——平壁两侧表面的温度差，℃；
　　　A——垂直于导热方向的截面积，m²；
　　　δ——平壁的厚度，m；
　　　λ——比例系数，材料的热导率，W/(m·℃)。

式(4-1) 称**热传导方程**，或称**傅里叶定律**。式(4-1) 可改写为下面的形式

$$Q = \frac{t_1 - t_2}{\dfrac{\delta}{\lambda A}} = \frac{\Delta t}{R} \tag{4-2}$$

式(4-2) 中 $\Delta t = t_1 - t_2$ 为导热的推动力，℃；而 $R = \dfrac{\delta}{\lambda A}$ 则为导热的热阻，℃/W。

可见，导热速率与导热推动力成正比，与导热热阻成反比。

热导率是衡量物质导热能力的一个物理量，是物质的一种物理性质。式(4-1) 可改写为

$$\lambda = \frac{\delta Q}{A \Delta t} \quad \text{W/(m·℃)} \tag{4-3}$$

由上式可知热导率 λ 的物理意义是：当 $A = 1\text{m}^2$、$\delta = 1\text{m}$、$\Delta t = 1℃$ 时，单位时间内的导热量。所以它表明了物质导热能力的大小，λ 值越大，则物质的导

热性能越好。通常需要提高导热速率时，可选用热导率大的材料；反之，要降低导热速率时，应选用热导率小的材料。

物质的热导率通常由实验测定。不同物质的热导率数值差别很大，一般来说，金属的热导率最大，非金属的固体次之，液体的较小，而气体的最小。现分述如下。

(1) 固体的热导率　在所有的固体中，金属是最好的导热体。纯金属的热导率一般随温度升高而降低。金属的热导率大都随其纯度的增加而增大，如普通碳钢的热导率为 45W/(m·℃)，而不锈钢（合金钢）的热导率约为 16W/(m·℃)。

非金属建筑材料或绝热材料的热导率与温度、组成和结构的紧密程度有关，通常其 λ 值随密度增加而增大，也随温度升高而增大。常用固体材料的热导率如表 4-1 所示。

表 4-1　常用固体材料的热导率

固体	温度/℃	热导率λ/[W/(m·℃)]	固体	温度/℃	热导率λ/[W/(m·℃)]	固体	温度/℃	热导率λ/[W/(m·℃)]
铝	300	230	熟铁	18	61	棉毛	30	0.050
镉	18	94	铸铁	53	48	玻璃	30	1.09
铜	100	379	石棉板	50	0.17	云母	50	0.43
铅	100	33	石棉	0	0.16	硬橡皮	0	0.15
镍	100	83	石棉	100	0.19	锯屑	20	0.052
银	100	409	石棉	200	0.21	软木	30	0.043
钢(1%C)	18	45	高铝砖	430	3.1	玻璃毛		0.041
青铜		189	建筑砖	20	0.69	85%氧化镁粉	0~100	0.070
不锈钢	20	16	镁砂	200	3.8	石墨	0	151

(2) 液体的热导率　液体分成金属液体和非金属液体两类，前者热导率较大后者较小，大多数液态金属的热导率随温度的升高而降低。

在非金属液体中，水的热导率最大。除水和甘油外，绝大多数液体的热导率随温度升高而略有减小，一般来说溶液的热导率低于纯液体的热导率。某些液体的热导率如表 4-2 所示。

表 4-2　某些液体的热导率

液体	温度/℃	热导率λ/[W/(m·℃)]	液体	温度/℃	热导率λ/[W/(m·℃)]
乙酸(50%)	20	0.35	正庚烷	30	0.14
丙酮	30	0.17	水银	28	8.36
苯胺	0~20	0.17	水	30	0.62
苯	30	0.16	硫酸(90%)	30	0.36
乙醇(80%)	20	0.24	硫酸(60%)	30	0.43
甘油(60%)	20	0.38	30%氯化钙盐水	30	0.55
甘油(40%)	20	0.45			

(3) 气体的热导率　气体的热导率随温度的升高而增大，在通常压强范围内，气体的热导率随压强增减的变化很小，可忽略不计。但在过高或过低的压强下（高于 200MPa 或低于 2.7kPa），则应考虑压强对热导率的影响，此时热导率随压强的增高而增大。气体的热导率很小，对导热不利，我们可以利用它的这种性质进行保温和绝热。工业上所用的保温材料，如玻璃棉等，就是因为其空隙中有气体，所以其热导率较小，而适用于保温隔热。常见气体的热导率如表 4-3 所示。

表 4-3　常见气体的热导率

气体	温度/℃	热导率 λ /[W/(m·℃)]	气体	温度/℃	热导率 λ /[W/(m·℃)]	气体	温度/℃	热导率 λ /[W/(m·℃)]
氢	0	0.17	甲烷	0	0.030	乙烯	0	0.018
二氧化碳	0	0.015	水蒸气	100	0.024	乙烷	0	0.018
空气	0	0.024	氮	0	0.024			
空气	100	0.032	氧	0	0.025			

应予指出，在导热过程中，物质内不同位置的温度各不相同，因而热导率也随之而异，在工程计算中常取热导率的平均值。

2. 多层平壁的热传导

在生产中遇到的平壁热传导，通常都是多层平壁，即由几种不同材料组成的平壁。如图 4-5 所示为三层平壁的热传导，各层壁厚分别为 δ_1、δ_2 和 δ_3，热导率分别为 λ_1、λ_2、λ_3，平壁面积为 A。假设层与层之间接触良好，即

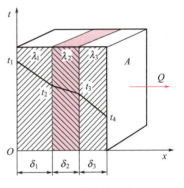

图 4-5　三层平壁的热传导

相接触的两表面的温度相同，各表面温度分别为 t_1、t_2、t_3 和 t_4，且 $t_1 > t_2 > t_3 > t_4$。因为是稳定传热，所以各层导热速率均相等，即

$$Q_1 = Q_2 = Q_3 = Q$$

于是

$$Q = \frac{\Delta t_1}{R_1} = \frac{\Delta t_2}{R_2} = \frac{\Delta t_3}{R_3} = \frac{\Delta t_1 + \Delta t_2 + \Delta t_3}{R_1 + R_2 + R_3} \tag{4-4}$$

或

$$Q = \frac{t_1 - t_4}{\dfrac{\delta_1}{\lambda_1 A} + \dfrac{\delta_2}{\lambda_2 A} + \dfrac{\delta_3}{\lambda_3 A}} \tag{4-5}$$

式(4-5)即为三层平壁的导热速率方程式。由式(4-4)可知，对多层平壁的导热，各层的温差与其热阻成正比，哪层的热阻大，哪层的温差就大。

对于 n 层平壁，其导热速率方程可以表示为

$$Q = \frac{t_1 - t_{n+1}}{\sum_{i=1}^{n} \frac{\delta_i}{\lambda_i A}} = \frac{\sum \Delta t}{\sum R} \tag{4-6}$$

上式等号右边的分子是 n 层壁两侧的温度差；分母是 n 层壁的总热阻，即多层平壁导热的总推动力为各层推动力之和，总热阻为各层热阻之和。式中下标"i"表示平壁的序号。

例 4-1 某平壁厚度 δ 为 0.37m，内表面温度 t_1 为 1650℃，外表面温度 t_2 为 300℃，平壁材料的热导率 $\lambda = 0.815 + 0.00076t$ W/(m·℃)。若将热导率按平均热导率计算时，试求通过每平方米该平壁的导热速率。

解 平壁的平均温度 $t_m = \frac{t_1 + t_2}{2} = \frac{1650 + 300}{2} = 975℃$

平壁材料的平均热导率为

$$\lambda = 0.815 + 0.00076 \times 975 = 1.556 \text{W/(m·℃)}$$

依式(4-1) 可求得每平方米该平壁的导热速率为

$$\frac{Q}{A} = \lambda \frac{t_1 - t_2}{\delta} = 1.556 \times \frac{1650 - 300}{0.37} = 5677 \text{W/m}^2$$

例 4-2 锅炉的厚度 $\delta_1 = 20$mm，材料的热导率 $\lambda_1 = 58$W/(m·℃)。若黏附在锅炉内壁的水垢厚 $\delta_2 = 1$mm，水垢的热导率 $\lambda_2 = 1.16$W/(m·℃)。已知锅炉钢板处表面温度为 $t_1 = 250℃$，水垢的内表面温度为 $t_3 = 200℃$，求锅炉每平方米表面积的导热速率及钢板与水垢相接触一面的温度 t_2。

解 由式(4-6) 得

$$\frac{Q}{A} = \frac{t_1 - t_3}{\frac{\delta_1}{\lambda_1} + \frac{\delta_2}{\lambda_2}} = \frac{250 - 200}{\frac{0.02}{58} + \frac{0.001}{1.16}} = \frac{50}{0.000345 + 0.000862} = 41400 \text{W/m}^2$$

由式(4-1) 得

$$t_2 = t_1 - \frac{Q}{A} \frac{\delta_1}{\lambda_1} = 250 - 41400 \times \frac{0.02}{58} = 235.7℃$$

由此题计算可知，虽然水垢厚度很薄，但因其热导率很小，它所产生的热阻却占总热阻的 71%，而为炉壁热阻的 2.5 倍。这就是要设法清除水垢，以增强传热的理由。

例 4-3

某平壁燃烧炉是由一层耐火砖与一层普通砖砌成，两层的厚度均为100mm，其热导率分别为0.9W/(m·℃)及0.7W/(m·℃)。待操作稳定后，测得炉壁的内表面温度为700℃，外表面温度为130℃。为减少燃烧炉的热损失，在普通砖的外表面增附一层厚度为40mm、热导率为0.06W/(m·℃)的保温层。待操作稳定后，又测得炉内表面温度为740℃，外表面温度为90℃。今设原来两层材料的热导率不变。试计算加上保温层后炉壁的热损失比原来的减少百分之几？

解 加保温层以前，单位面积炉壁的热损失 $(Q/A)_1$

此为双层平壁的热传导，依式(4-6)

$$\left(\frac{Q}{A}\right)_1 = \frac{t_1 - t_3}{\frac{\delta_1}{\lambda_1} + \frac{\delta_2}{\lambda_2}} = \frac{700 - 130}{\frac{0.1}{0.9} + \frac{0.1}{0.7}} = 2240 \text{W/m}^2$$

加保温层以后，单位面积的热损失 $(Q/A)_2$

此为三层平壁的热传导，依导热速率方程得

$$\left(\frac{Q}{A}\right)_2 = \frac{t_1 - t_4}{\frac{\delta_1}{\lambda_1} + \frac{\delta_2}{\lambda_2} + \frac{\delta_3}{\lambda_3}} = \frac{740 - 90}{\frac{0.1}{0.9} + \frac{0.1}{0.7} + \frac{0.04}{0.06}} = 707 \text{W/m}^2$$

故增加保温层后，热损失比原来减少的百分数为

$$\frac{\left(\frac{Q}{A}\right)_1 - \left(\frac{Q}{A}\right)_2}{\left(\frac{Q}{A}\right)_1} \times 100\% = \frac{2240 - 707}{2240} \times 100\% = 68.4\%$$

二、圆筒壁的稳定热传导

1. 单层圆筒壁的热传导

化工生产中常遇到圆筒壁的导热问题。例如通过管壁和圆筒形设备的导热，如图4-6所示。设圆筒的内半径为r_1，外半径为r_2，长度为L。圆筒内、外壁面的温度分别为t_1和t_2且$t_1 > t_2$。此时，热流的方向是从筒内到筒外，而与热流方向垂直的圆筒面积（导热面积）$A = 2\pi r L$，其中半径r沿传热方向发生变化。可见，圆筒壁的导热面积A不再是固定不变的

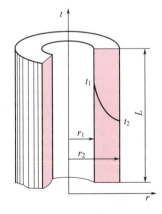

图 4-6 单层圆筒壁的热传导

常量，而是随半径而变，同时温度也随半径而变。这就是圆筒壁热传导与平壁热传导的不同之处。但传热速率在稳态时依然是常量。

圆筒壁的热传导可仿照平壁的热传导来处理，可将圆筒壁的热传导方程式写成与平壁热传导方程式相类似的形式，不过其中的导热面积 A 应采用平均值。即

$$Q = \lambda \frac{A_m(t_1 - t_2)}{\delta} = \lambda \frac{A_m(t_1 - t_2)}{r_2 - r_1} \tag{4-7}$$

设圆筒壁的平均半径为 r_m，则圆筒壁的平均导热面积 $A_m = 2\pi r_m L$，代入上式得

$$Q = \lambda \frac{2\pi r_m L(t_1 - t_2)}{r_2 - r_1} \tag{4-8}$$

圆筒壁的平均半径 r_m，采用对数平均值

$$r_m = \frac{r_2 - r_1}{\ln \frac{r_2}{r_1}} \tag{4-9}$$

当 $r_2/r_1 = 2$ 时，使用算术平均值代替对数平均值的误差仅为 4%，此误差在工程计算中是允许的。因此，当 $r_2/r_1 \leqslant 2$ 时，工程上经常用算术平均值代替对数平均值，使计算较为简便。算术平均值为

$$r_m = \frac{r_1 + r_2}{2} \tag{4-10}$$

将式(4-9)代入式(4-8)得

$$Q = \frac{2\pi L \lambda (t_1 - t_2)}{\ln \frac{r_2}{r_1}} \tag{4-11}$$

由单层圆筒壁的导热速率方程式可知，单层圆筒壁的导热热阻 R 为

$$R = \frac{\delta}{\lambda A_m} = \frac{\ln \frac{r_2}{r_1}}{2\pi L \lambda} \tag{4-12}$$

2. 多层圆筒壁的热传导

在生产操作中，如果在圆筒形设备外包有绝热层或在设备内表面有垢层生成，这样就形成两层圆筒壁的导热，又如在圆筒壁的内外壁上各生有一层垢层，这样就构成三层圆筒壁的导热。

对多层圆筒壁的热传导也可按多层平壁的热传导处理，由式(4-5)计算导热速率。但是，作为计算各层热阻的导热面积不再相等，应采用各层的平均面积。

对图 4-7 所示长度为 L 的三层圆筒壁，其导热速率方程式为

$$Q = \frac{t_1 - t_4}{\dfrac{\delta_1}{\lambda_1 A_{m1}} + \dfrac{\delta_2}{\lambda_2 A_{m2}} + \dfrac{\delta_3}{\lambda_3 A_{m3}}}$$

$$= \frac{t_1 - t_4}{\dfrac{r_2 - r_1}{\lambda_1 A_{m1}} + \dfrac{r_3 - r_2}{\lambda_2 A_{m2}} + \dfrac{r_4 - r_3}{\lambda_3 A_{m3}}}$$

$$= \frac{2\pi L(t_1 - t_4)}{\dfrac{1}{\lambda_1}\ln\dfrac{r_2}{r_1} + \dfrac{1}{\lambda_2}\ln\dfrac{r_3}{r_2} + \dfrac{1}{\lambda_3}\ln\dfrac{r_4}{r_3}} \quad (4\text{-}13)$$

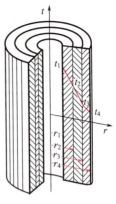

图 4-7　三层圆筒壁的热传导

多层圆筒壁导热的总推动力仍为各层推动力之和，总热阻也等于各层热阻之和。对于 n 层圆筒壁，其导热速率方程可以表示为

$$Q = \frac{2\pi L(t_1 - t_{n+1})}{\sum\limits_{i=1}^{n} \dfrac{1}{\lambda_i} \ln \dfrac{r_{i+1}}{r_i}} \quad (4\text{-}14)$$

例 4-4 外径为 426mm 的蒸汽管道，其外包扎一层厚度为 426mm 的保温层，保温材料的热导率可取为 0.615W/(m·℃)。若蒸汽管道的外表面温度为 177℃，保温层的外表面温度为 38℃，试求每米管长的热损失。

解 已知 $r_2 = \dfrac{0.426}{2} = 0.213\text{m}$，$t_2 = 177℃$，$r_3 = 0.213 + 0.426 = 0.639\text{m}$，$t_3 = 38℃$

由式(4-10)可得每米管长的热损失为

$$\frac{Q}{L} = \frac{2\pi\lambda(t_2 - t_3)}{\ln\dfrac{r_3}{r_2}} = \frac{2\pi \times 0.615 \times (177-38)}{\ln\dfrac{0.639}{0.213}} = 489\text{W/m}$$

例 4-5 在一个 $\phi 60\text{mm} \times 3.5\text{mm}$ 的钢管外包有两层绝热材料，里层为 40mm 的氧化镁粉，平均热导率为 $\lambda = 0.07\text{W/(m·℃)}$；外层为 20mm 的石棉层，其平均热导率 $\lambda = 0.15\text{W/(m·℃)}$。现测知管内壁温度为 500℃，最外层温度为 80℃，管壁的热导率 $\lambda = 45\text{W/(m·℃)}$。试求每米管长的热损失及两层保温层界面的温度。

(1) 每米管长的热损失。此题为三层圆筒壁导热

已知：$r_1 = \dfrac{0.053}{2} = 0.0265\text{m}$，$r_2 = 0.0265 + 0.0035 = 0.03\text{m}$，$r_3 = 0.03 + 0.04 = 0.07\text{m}$，$r_4 = 0.07 + 0.02 = 0.09\text{m}$，$t_1 = 500℃$，$t_4 = 80℃$，$\lambda_1 = 45\text{W}/(\text{m}\cdot℃)$，$\lambda_2 = 0.07\text{W}/(\text{m}\cdot℃)$，$\lambda_3 = 0.15\text{W}/(\text{m}\cdot℃)$。

由式(4-13) 可得

$$\dfrac{Q}{L} = \dfrac{2\pi(t_1 - t_4)}{\dfrac{1}{\lambda_1}\ln\dfrac{r_2}{r_1} + \dfrac{1}{\lambda_2}\ln\dfrac{r_3}{r_2} + \dfrac{1}{\lambda_3}\ln\dfrac{r_4}{r_3}}$$

$$= \dfrac{2\pi \times (500 - 80)}{\dfrac{1}{45}\ln\dfrac{0.03}{0.0265} + \dfrac{1}{0.07}\ln\dfrac{0.07}{0.03} + \dfrac{1}{0.15}\ln\dfrac{0.09}{0.07}}$$

$$= \dfrac{2638}{0.0028 + 12.1 + 1.68} = 191.4\text{W/m}$$

(2) 保温层界面温度 t_3。依双层圆筒壁导热计算，依式(4-13) 可得

$$\dfrac{Q}{L} = \dfrac{2\pi(t_1 - t_3)}{\dfrac{1}{\lambda_1}\ln\dfrac{r_2}{r_1} + \dfrac{1}{\lambda_2}\ln\dfrac{r_3}{r_2}}$$

$$191.4 = \dfrac{2\pi(500 - t_3)}{\dfrac{1}{45}\ln\dfrac{0.03}{0.0265} + \dfrac{1}{0.07}\ln\dfrac{0.07}{0.03}}$$

解得 $t_3 = 131.1℃$

第三节　对流传热

在化工传热过程中，对流传热是指流体与固体壁面间的传热过程，即由热流体将热传给壁面，或由壁面将热传给冷流体。根据流体在传热过程中的状态和流动状况，对流传热可分为流体无相变时对流传热和流体有相变化的对流传热。前者流体在传热过程中依流体流动原因不同，可分为**强制对流传热**和**自然对流传热**；后者依流体在传热过程中发生相变化而分为蒸气冷凝和液体沸腾。上述几类对流传热过程机理不尽相同，以下仅对流体无相变化时强制对流的情况进行简单分析。

一、对流传热分析

在第一章讨论流体流动时曾指出，流体流经固体壁面呈湍流流动时，在邻近

壁面处总有一层滞流内层存在，在此薄层内流体呈滞流流动。在滞流内层和湍流主体之间有缓冲层。图4-8表示流体在壁面两侧流动情况，以及与流动方向相垂直的某一截面上流体的温度分布情况。

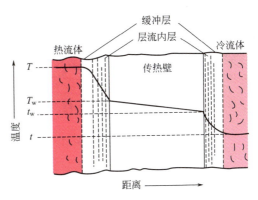

图 4-8 对流传热的温度分布情况

由图4-8可见，在湍流主体中，由于流体质点的剧烈运动，热量传递主要依靠热对流进行，热传导所起作用很小，使湍流主体中流体的温度差极小，各处的温度基本相同。在缓冲层中热传导和热对流同时起作用，在该层内流体温度发生缓慢的变化。在滞流内层中，流体仅有平行于壁面的流动，沿壁面的法线方向上没有热对流，因此该方向上热量传递依靠热传导进行。由于大多数流体的热导率较小，使滞流内层中的导热热阻很大，因此在该层内流体温度差也较大。

由上分析可知，在湍流流动传热时，对流传热的热阻主要集中在滞流内层中，因此减薄滞流内层的厚度，是强化对流传热的重要途径。

二、对流传热速率方程

实践证明，在单位时间内对流传热过程传递的热量，与传热面积成正比，与流体和壁面间的温度差成正比，即

流体被冷却时　　　　$Q = \alpha_1 A (T - T_w)$　　　　(4-15)

流体被加热时　　　　$Q = \alpha_2 A (t_w - t)$　　　　(4-16)

式中　Q——对流传热速率，W；

　　　A——传热面积，m^2；

　　　T, t——热、冷流体的主体温度，℃；

　　　T_w, t_w——热、冷流体侧的壁面温度，℃；

　　　α_1, α_2——比例系数，热、冷流体侧的对流传热系数（又称对流传热膜系数，给热系数），$W/(m^2 \cdot ℃)$。

对流传热系数是度量对流传热过程强烈程度的数值。式（4-15）或式（4-16）可改写为

$$\alpha = \frac{Q}{A \Delta t} \qquad (4-17)$$

由上式可知对流传热系数的物理意义是：当 $A=1\text{m}^2$、$\Delta t=1℃$ 时，单位时间内流体与壁面之间的传热量。所以 α 值越大，对流传热过程越强烈。

式(4-15) 和式(4-16) 就是**对流传热速率方程**，又称**牛顿冷却定律**，是计算对流传热速率的基本方程式。

将式(4-15)、式(4-16) 分别改写成如下形式

$$Q=\frac{T-T_w}{\dfrac{1}{\alpha_1 A}}=\frac{\Delta t_1}{R_1}$$

$$Q=\frac{t_w-t}{\dfrac{1}{\alpha_2 A}}=\frac{\Delta t_2}{R_2}$$

上两式表明，对流传热速率与对流传热推动力成正比，与对流传热热阻成反比，与导热速率的数学表达式相仿。对流传热的热阻为

$$R_1=\frac{1}{\alpha_1 A} \quad \text{或} \quad R_2=\frac{1}{\alpha_2 A} \tag{4-18}$$

对流传热速率方程以简单的形式表达了复杂的对流传热过程，其中的对流传热系数包括了所有影响对流传热过程的复杂因素。

三、影响对流传热系数的因素

影响对流传热系数的因素很多，主要因素有以下几个方面。

（1）流体的种类　如液体、气体和蒸气，它们的 α 值各不相同。

（2）流体的物理性质　如黏度、密度、热导率和比热容等。黏度值大，α 值减小；密度、热导率和比热容的值大，α 值增大。

（3）流体的相态变化　有相变时的 α 值比没有相变时的 α 值大

（4）流体的对流状况　强制对流时的 α 值大，自然对流时的 α 值小。

（5）流体的流动状况　湍流时的 α 值大，层流时的 α 值小。

（6）传热壁面的形状、位置和大小　如传热管、板、管束等不同的传热面形状；管子的排列方式，水平或垂直放置；管径、管长或板的高度等，都会影响 α 值。

四、对流传热系数的经验关联式

由于影响 α 值的因素太多，要建立一个通式来求各种条件下的 α 值是很困难的。目前通常将这些影响因素经过分析组成若干个特征数，然后再用实验方法确定这些特征数之间的关系，而得到在不同情况下求算 α 值的具体**特征数关联式**。

常用特征数的名称、符号和含义列于表 4-4 中。

表 4-4　常用特征数的名称、符号和含义

特征数名称	符号	特征数关联式	含　义
努塞尔数	Nu	$\dfrac{\alpha l}{\lambda}$	表示对流传热系数的特征数
雷诺数	Re	$\dfrac{l u \rho}{\mu}$	确定流体流动形态的特征数
普兰特数	Pr	$\dfrac{c_p \mu}{\lambda}$	表示物理性质影响的特征数
格拉斯霍夫数	Gr	$\dfrac{\beta g \Delta t l^3 \rho^2}{\mu^2}$	表示自然对流影响的特征数

各特征数中物理量的意义为：

α——对流传热系数，W/(m² · ℃)；

u——流速，m/s；

ρ——流体的密度，kg/m³；

l——传热面的特征尺寸，可以是管内径或外径，或平板高度等，m；

μ——流体的黏度，Pa·s；

c_p——流体的定压比热容，kJ/(kg · ℃)；

Δt——流体与壁面间的温度差，℃；

β——流体的体膨胀系数，℃⁻¹；

g——重力加速度，m/s²；

λ——流体的热导率，W/(m · ℃)。

特征数关联式是一种半经验公式，所以应用这种关联式求解 α 值时，必须注意它的应用范围和使用条件，具体说来，主要有以下三点。

① 应用范围　指关联式中 Re、Pr 等特征数的数值范围。

② 特征尺寸　Nu、Re 等特征数中的 l 应如何取定。

③ 定性温度　各特征数中流体的物性应按什么温度查取。

1. 流体无相变时的对流传热系数

流体无相变时对流传热系数 α 的计算式很多，不同的传热情况应采用不同的关联式，下面通过一个常用的对流传热系数关联式来说明关联式的应用。

对流体在圆形直管内作强制湍流无相变时，且其黏度小于 2 倍常温水黏度的流体，可用下式计算对流传热系数：

$$Nu = 0.023 Re^{0.8} Pr^n \tag{4-19}$$

或

$$\alpha = 0.023 \frac{\lambda}{d_i} \left(\frac{d_i u \rho}{\mu}\right)^{0.8} \left(\frac{c_p \mu}{\lambda}\right)^n \tag{4-19a}$$

式中，n 值与热流方向有关，当流体被加热时，$n=0.4$；被冷却时，$n=0.3$。

（1）应用范围　$Re>10000$，$0.7<Pr<120$，管长 L 与管内径 d_i 之比 $L/d_i>60$。若 $L/d_i<60$ 时，可将由式(4-19a)算得的 α 值乘以大于 1 的短管修正系数 $\left[1+\left(\dfrac{d_i}{L}\right)^{0.7}\right]$ 进行校正。

（2）特征尺寸　Re、Nu 特征数中的 l 取管内径 d_i。

（3）定性温度　取流体进、出口主体温度的算术平均值。

由式(4-19a)可知，当流体的物性一定时，α 值与流速的 0.8 次方成正比，与管径的 0.2 次方成反比。因此，适当提高流速和减小管径都能增大对流传热系数，降低对流传热热阻，对传热有利。

例 4-6　某列管换热器，由 38 根长 2m、内直径为 20mm 的无缝钢管组成。外壳中通入水蒸气进行加热。苯在管内流动，由 20℃ 被加热到 80℃，苯的流量为 8.32kg/s，试求管壁对苯的对流传热系数。又问当苯的流量提高一倍，仍维持原有的加热温度，对流传热系数有何变化？

解　苯的定性温度 $t_m=\dfrac{20+80}{2}=50$℃

在定性温度时苯的物理性质可由附录查得

$$\rho=860\text{kg/m}^3;\ c_p=1.80\text{kJ/(kg}\cdot\text{℃)}$$
$$\mu=0.45\text{mPa}\cdot\text{s};\ \lambda=0.14\text{W/(m}\cdot\text{℃)}$$

加热管内流速为

$$u=\dfrac{q_v}{\dfrac{\pi}{4}d_i^2 n}=\dfrac{8.32/860}{0.785\times 0.02^2\times 38}=0.81\text{m/s}$$

$$Re=\dfrac{d_i u\rho}{\mu}=\dfrac{0.02\times 0.81\times 860}{0.45\times 10^{-3}}=30960>10^4$$

$$Pr=\dfrac{c_p\mu}{\lambda}=\dfrac{1.8\times 10^3\times 0.45\times 10^{-3}}{0.14}=5.79$$

$$L/d_i=2/0.02=100>60$$

由上计算可知，$Re>10000$，$0.7<Pr<120$，$L/d_i>60$，且 μ 不大于常温水黏度的 2 倍。所以此题可用式(4-19a)计算 α 值。由于苯被加热，取 $n=0.4$，于是得

$$\alpha=0.023\dfrac{\lambda}{d_i}Re^{0.8}Pr^{0.4}$$

$$=0.023\times\frac{0.14}{0.02}\times30960^{0.8}\times5.79^{0.4}=1272\text{W/(m}^2\cdot\text{℃)}$$

当苯的流量增加一倍时，对流传热系数 α' 为

$$\alpha'=\alpha\left(\frac{u'}{u}\right)^{0.8}=1272\times2^{0.8}=2215\text{W/(m}^2\cdot\text{℃)}$$

2. 流体有相变时的对流传热系数

（1）**蒸气冷凝** 当饱和蒸气与温度较低的壁面相接触时，蒸气将放出潜热并在壁面上冷凝成液体。蒸气冷凝有膜状冷凝和滴状冷凝两种方式。

① 膜状冷凝 若冷凝液能够润湿壁面，则在壁面上形成一层完整的液膜，故称为膜状冷凝。膜状冷凝时，壁面上所形成的液膜越积越厚，最后凝液自壁上坠落下来，但壁面上所覆盖的液膜始终存在，此时蒸气冷凝只能在液膜表面上进行，使蒸气冷凝后放出的潜热，必须通过液膜后才能传给壁面。此时液膜成了附加的热阻，从而使其对流传热系数值减小。

② 滴状冷凝 若冷凝液不能润湿壁面，则由于表面张力的作用，冷凝液在壁面上将形成许多液滴，并沿壁面落下，故称为滴状冷凝。滴状冷凝时，冷凝液不能全部润湿壁面，而是集聚成液滴。待液滴长大后，将从壁面上落下，重新露出壁面供蒸气冷凝，再一次生成新液滴。由于滴状冷凝时大部分壁面直接暴露在蒸气中，没有液膜阻碍传热，其热阻较膜状冷凝为小，所以滴状冷凝时的对流传热系数较膜状冷凝时的对流传热系数为大，有时大几倍甚至十几倍之多。

工业生产中遇到的大多是膜状冷凝方式，因此设法减薄冷凝液膜的厚度，是提高 α 值的重要途径。另外，若蒸气中含有空气或其他不凝性气体时，将在壁面上生成一层气膜，由于气体的热导率很小，使对流传热系数明显下降，因此在换热器的蒸气冷凝侧应装有放气阀，以便及时排除不凝性气体。此处略去蒸气冷凝对流传热系数经验关联式的介绍。

M4-4 冷凝现象

（2）**液体的沸腾** 对液体进行加热，而使液体内部产生气泡的过程称为沸腾。工业上液体沸腾的方法有两种：一种是将加热面浸没在液体中，液体在壁面处受热而沸腾，称为大容器沸腾；另一种是使液体在管内流动时受热沸腾，称为管内沸腾。下面仅简介大容器沸腾时对流传热情况。

实验表明，液体被加热面加热而沸腾时，气泡并非在整个加热面上产生，而是发生在加热面上的某些地方，这些产生气泡的地点称为"汽化核心"。当气泡在加热面上产生后，由于继续加热，所以它迅速扩大，最后跃脱加热面而上升，在气泡上升过程中，由于其四周的液体不断地在气液分界面上蒸发，所以它的体积逐渐扩大，一直到冲破自由表面。当气泡脱离加热面后，四周较冷的液体来填

补它的位置，一批新的气泡又在不断地生成。这样在沸腾过程中，由于气泡在加热面上不断地产生、扩大、脱离，使加热面附近液体产生搅动，这就使沸腾时对流传热系数增大。在一定范围内，加热面温度与液体饱和温度相差越大，汽化核心数越多，沸腾越剧烈，则其对流传热系数 α 值越大。

下面以常压下水在大容器中沸腾为例，说明温度差对于对流传热系数的影响。如图 4-9 所示，当壁面与液体的温度差 Δt 较小时（大致在 1~5℃ 的范围内），加热表面上的液体轻微过热，故只有少量的汽化核心产生，这时气泡少，气泡长大速度也较慢，受热面附近液层受到扰动不大，对流传热主要以自然对流传热为主。对流传热系数随 Δt 的变化较平坦，这相当于图 4-9 中 AB 段，通常称为"自然对流区"或"微弱沸腾区"。

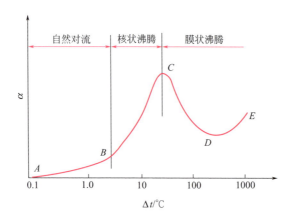

图 4-9 水的沸腾曲线

当 Δt 逐渐升高（$\Delta t = 5 \sim 25℃$），加热面上产生的气泡显著增加。由于气泡的大量产生和脱离，则强烈地搅动加热面附近的液体。因此，对流传热系数 α 急剧增大，这相当于图 4-9 中 BC 一段，此段称为泡核沸腾或核状沸腾。

而当 Δt 再增大（$\Delta t > 25℃$）时，使加热面上气泡形成过快以致气泡生成的速度大于气泡脱离加热面的速度，于是气泡在脱离加热面以前就连接起来，而形成一层不稳定的蒸汽膜，覆盖在加热面上，使液体不能和加热面直接接触。这样热量由加热面传给液体之前，就必须通过此汽膜。由于蒸汽的导热性很差，则附加的这层汽膜热阻使对流传热系数 α 急剧降低，如图 4-9 中 CD 段所示。当达到 D 点时，传热面几乎全部被汽膜所覆盖，开始形成稳定的汽膜。以后随着 Δt 的增加，α 又上升，这是由于壁温升高，辐射传热的影响显著增加所致，如图 4-9 中 DE 段所示。一般将 CDE 段称为膜状沸腾。

由核状沸腾向膜状沸腾过渡的转折点 C 称为**临界点**。临界点下的温度差和沸腾对流传热系数，分别称为临界温度差 Δt_c 和临界沸腾对流传热系数 α_c。由于核状沸腾传热系数大,所以工业生产中总是设法控制在核状沸腾下操作,因此确定不同液体沸腾时临界点下的有关参数,具有实际意义。

关于沸腾对流传热系数的计算,由于过程复杂,导致计算式也较复杂。但液体沸腾时的 α 值一般都比无相变时的 α 值大得多,如果在换热中,间壁一侧是液体沸腾,而另一侧是无相变的流体,传热过程的总热阻主要是无相变流体一侧的热阻,在这种情况下,液体沸腾时的 α 值不一定要详细计算,可以采用条件相近情况下的实验数据。某些具体情况下液体沸腾时 α 值的计算式可参考有关书籍。

由于影响对流传热系数 α 的因素很多,所以 α 值的范围很大。表 4-5 列出了一些工业用换热器中常用流体 α 值的大致范围。由此表可以看出,在换热过程中流体有相变化时的 α 值较大;在没有相变化时,水的 α 值最大,油类次之,气体和过热蒸汽的 α 值最小。

表 4-5　工业用换热器中常用流体 α 值的大致范围

对流传热的类型	$\alpha/[W/(m^2 \cdot ℃)]$	对流传热的类型	$\alpha/[W/(m^2 \cdot ℃)]$
水蒸气的滴状冷凝	46000~140000	水的加热或冷却	230~11000
水蒸气的膜状冷凝	4600~17000	油的加热或冷却	58~1700
有机蒸气的冷凝	580~2300	过热蒸汽的加热或冷凝	23~110
水的沸腾	580~52000	空气的加热或冷却	1~58

第四节　传热过程计算

热能自热流体经过间壁传向冷流体的过程,是一复杂而在工业上又极其重要的过程,在热交换的过程中,不但要考虑经过固体壁的热传导,而且要考虑到间壁两边流体与壁面之间的对流传热,有时还需要考虑到辐射传热。在化工生产中常遇到的热交换一般是温度不高,所以热辐射的影响可以忽略,而看作是对流传热与导热两种基本传热方式的联合。下面就讨论冷热两流体通过间壁式换热器进行热交换的问题。

一、传热基本方程

图 4-10 为一单程列管式换热器示意图。在此换热器内两种流体呈逆流流动,假定热流体在管内流动并放出热量,进口温度为 T_1,出口温度下降到 T_2;冷流体在管外流动吸收热量,进口温度为 t_1,出口温度上升到 t_2。这一总传热过程是由下列步骤所组成:首先是热流体和管内壁面之间的对流传热,将热量传给管内壁面。然后,热量由管的内壁面以热传导的方式传给管的外壁面。最后,热量再由管外壁面和冷流体间进行对流传热,而将热量传给冷流体。上述两种流体间

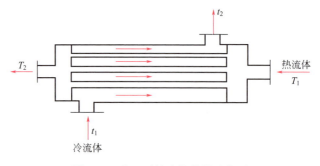

图 4-10 单程列管式换热器示意图

之所以能进行热交换，是由于热流体与冷流体之间存在温度差，即传热推动力，所以热量就从热流体自动经过管壁壁面传向冷流体。此传递热量的管壁壁面称为换热器的传热面。

实践证明，两流体在单位时间内通过换热器传递的热量与传热面积成正比，与冷热流体间的温度差也成正比。倘若温度差沿传热面是变化的，则取换热器两端温度差的平均值。上述关系可用数学式表示为

$$Q = KA\Delta t_m \tag{4-20}$$

式中　Q——单位时间内通过换热器传递的热量，即传热速率，W；

　　　A——换热器的传热面积，m^2；

　　　Δt_m——冷、热流体间传热温度差的平均值，它是传热的推动力，℃；

　　　K——**比例系数**，或称**传热系数**。是表示传热过程中强弱程度的数值。其物理意义和单位可由下式看出

$$K = \frac{Q}{A\Delta t} \quad \frac{W}{(m^2 \cdot ℃)} \tag{4-21}$$

传热系数 K 的物理意义是：当冷热两流体之间温度差为 1℃ 时，在单位时间内通过单位传热面积，由热流体传给冷流体的热量。所以 K 值越大，在相同的温度差条件下，所传递的热量就越多，即热交换过程越强烈。在传热操作中，总是设法提高传热系数的数值以强化传热过程。影响传热系数数值大小的因素十分复杂，以后还要作专门讨论。

式(4-20) 称为传热基本方程式。此式也可以写成如下形式

$$Q = \frac{\Delta t_m}{\dfrac{1}{KA}} = \frac{\Delta t_m}{R} \tag{4-22}$$

式中，$R=\dfrac{1}{KA}$ 为**传热总热阻**。

式(4-22)表明传热速率与传热推动力成正比，与传热热阻成反比。因此，提高换热器传热速率的途径是提高传热推动力和降低传热热阻。

要选择或设计换热器，必须计算完成工艺上给定的传热任务所需换热器的传热面积。由传热基本方程式得

$$A=\dfrac{Q}{K\Delta t_m} \tag{4-23}$$

由上式知，要计算传热面积，必须先求得传热速率 Q、平均温度差 Δt_m 和传热系数 K。下面就分别讨论它们在不同情况下的计算方法。

二、热负荷的计算

换热器中单位时间内冷、热流体间所交换的热量，称为此换热器的热负荷，以 Q' 表示。此值是根据生产上换热任务的需要提出的，所以热负荷是要求换热器应具有的换热能力。一个能满足生产要求的换热器，必须使其传热速率等于（或略大于）热负荷。而在实际设计或选择热交换器时，通常将传热速率与热负荷在数值上视为相等，所以通过热负荷的计算，便可确定换热器所应具有的传热速率，依此传热速率便可计算换热器在一定条件下所具有的传热面积。

应当注意的是：热负荷和传热速率虽然在数值上一般看作相等，但其含义却不相同。热负荷是由生产上的要求所决定的，是生产上对换热能力的要求；而传热速率是换热器本身在一定操作条件下的换热能力，是换热器本身的特性。

当忽略操作中的热量损失时，则根据能量守恒的原理可知，热流体在单位时间内所放出的热量 $Q_热$ 等于冷流体在单位时间内吸收的热量 $Q_冷$，即 $Q_热 = Q_冷$。在化工生产中，正常连续生产时，为稳定传热过程，故热负荷可通过热流体放出的热量 $Q_热$ 进行计算，也可通过冷流体吸收的热量 $Q_冷$ 来计算，即 $Q' = Q_热 = Q_冷$。具体计算热负荷的方法如下。

（1）传热中流体**只有温度变化，没有相变化时**，计算式为

$$Q' = Q_热 = q_{m热} c_热 (T_1 - T_2) \tag{4-24}$$

$$Q' = Q_冷 = q_{m冷} c_冷 (t_2 - t_1) \tag{4-25}$$

式中 $c_热$，$c_冷$——热流体和冷流体在进出口温度范围内的平均比热容，J/(kg·℃)；

T_1，T_2——热流体最初和最终温度，℃；

t_1，t_2——冷流体最初和最终温度，℃。

（2）传热中流体**只有相变化，没有温度变化**时，计算式为

$$Q' = Q_热 = q_{m热} r_热 \tag{4-26}$$

$$Q' = Q_冷 = q_{m冷} r_冷 \tag{4-27}$$

式中 $r_热$，$r_冷$——热流体和冷流体的汽化潜热，J/kg。

（3）传热中流体**既有温度变化又有相变化**时，计算式为

$$Q' = Q_热 = q_{m热}[c_热(T_1 - T_2) + r_热] \tag{4-28}$$

$$Q' = Q_冷 = q_{m冷}[c_冷(t_2 - t_1) + r_冷] \tag{4-29}$$

例 4-7 试计算压强为 140kPa（绝对），流量为 1500kg/h 的饱和水蒸气冷凝后，并降温至 50℃ 时所放出的热量。

解 此题分以下两步计算：一是饱和水蒸气冷凝成水，放出潜热；二是水温降至 50℃ 时所放出的显热。

（1）蒸汽凝成水所放出的潜热为 Q_1

查水蒸气表得：$p = 140\text{kPa}$（绝对）下水的饱和温度 $t_s = 109.2℃$，汽化潜热 $r_热 = 2234.4\text{kJ/kg}$

则 $$Q_1 = q_{m热} r_热 = \frac{1500}{3600} \times 2234.4 = 931\text{kJ/s} = 931\text{kW}$$

（2）水由 109.2℃ 降温至 50℃ 时放出的显热 Q_2

$$平均温度 = \frac{109.2 + 50}{2} = 79.6℃$$

查：79.6℃ 时水的比热容 $c_热 = 4.19\text{kJ/(kg·℃)}$

则 $$Q_2 = q_{m热} c_热 (t_2 - t_1) = \frac{1500}{3600} \times 4.19 \times (109.2 - 50) = 103.4\text{kJ/s} = 103.4\text{kW}$$

（3）共放出热量 $Q_热$

$$Q_热 = Q_1 + Q_2 = 931 + 103.4 = 1034.4\text{kW}$$

例 4-8 将 0.417kg/s，80℃ 的硝基苯，通过一换热器冷却到 40℃，冷却水初温为 30℃，出口温度不超过 35℃。如热损失可以忽略，试求该换热器的热负荷及冷却水用量。

解（1）由附录查得硝基苯和水的比热容分别为 1.6kJ/(kg·℃) 和 4.17kJ/(kg·℃)，由式(4-24)计算热负荷

$$Q' = Q_热 = q_{m硝} c_硝 (T_1 - T_2) = 0.417 \times 1.6 \times (80 - 40) = 26.7\text{kW}$$

(2) 依热量守恒原理可知，当 $Q_损$ 略去不计时，则冷却水用量可依 $Q'=Q_热=Q_冷$ 计算，得

$$Q'=Q_热=q_{m硝}c_硝(T_1-T_2)=q_{m水}c_水(t_2-t_1)$$

$$26.7\times10^3=q_{m水}\times4.17\times10^3\times(35-30)$$

$$q_{m水}=1.28\text{kg/s}=4608\text{kg/h}\approx4.6\text{m}^3/\text{h}$$

例 4-9 上题中如将冷却水的流量增加到 $6\text{m}^3/\text{h}$，问冷却水的终温将是多少？

解 由于此题中的 $Q_热$、$q_{m水}$ 及 t_1 都已确定，且热损失忽略不计，所以可依 $Q_热=Q_冷$ 计算，得

$$Q_热=Q_冷=q_{m冷}c_冷(t_2-t_1)$$

$$26.7\times10^3=\frac{6\times1000}{3600}\times4.17\times10^3\times(t_2-30)$$

$$t_2=\frac{26.7\times10^3}{4.17\times10^3\times\dfrac{6\times1000}{3600}}+30=33.84℃$$

三、传热温度差的计算

在间壁式换热器中，按照参加热交换的两种流体，沿着换热器的传热面流动时，各点温度变化的情况，可将传热过程分为恒温传热和变温传热。而这两种传热过程的传热温度差计算是不相同的。

1. 恒温传热时的传热温度差

恒温传热即两流体在进行热交换时，每一流体在换热器内的任一位置、任一时间的温度皆相等。例如换热器内间壁一边为液体沸腾，另一边为蒸气冷凝，则两边流体的温度都不发生变化。

显然，由于恒温传热，冷热两种流体的温度都维持恒定不变，所以两流体间的传热温度差也为定值，可表示如下

$$\Delta t_m=T-t \tag{4-30}$$

式中　T——热流体的温度，℃；

t——冷流体的温度，℃。

2. 变温传热时的传热温度差

在热交换过程中，间壁一边或两边流体的温度仅沿传热面随流动的距离而变

化,但不随时间而变化的传热,称为变温传热。在变温传热中,两流体间的传热温度差,将沿传热面随流动的距离而有所不同,在进行传热计算时,必须取其平均值,故存在着求取平均传热温度差 Δt_m 的问题。

(1) 间壁一边流体变温而另一边流体恒温时传热温度差计算 在热交换器中用蒸气加热另一种低温流体或用热流体来加热另一种在较低温度下进行沸腾的液体时,即是间壁一边流体变温而另一边流体恒温时的传热。前者蒸气冷凝放出潜热,冷凝温度 T 不变,而另一种流体被加热,由 t_1 升温到 t_2,如图 4-11(a) 所示。后者热流体由 T_1 降温到 T_2,而另一种沸腾的液体则保持较低的沸点 t 不变,如图 4-11(b) 所示。可见,这两种情况下的传热温度差均沿传热面随流动的距离而发生变化,但与两流体的流向无关。经过理论推导,其平均传热温度差 Δt_m 用下式计算

$$\Delta t_m = \frac{\Delta t_1 - \Delta t_2}{\ln \dfrac{\Delta t_1}{\Delta t_2}} \tag{4-31}$$

式中　Δt_m——对数平均温度差,℃;
　　Δt_1,Δt_2——换热器两端的传热温度差(Δt_1 为较大的一个,Δt_2 为较小的一个),℃。

当 $\dfrac{\Delta t_1}{\Delta t_2} \leqslant 2$ 时,在工程计算中,可近似用算术平均值 $\Delta t_m = \dfrac{\Delta t_1 + \Delta t_2}{2}$ 代替对数平均值,其误差不超过 4%。

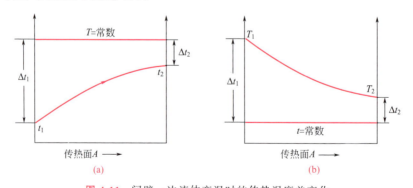

图 4-11　间壁一边流体变温时的传热温度差变化

例 4-10 在某换热器内用 500kPa 的饱和水蒸气加热空气。空气由进口的 20℃ 升温到 120℃。求此换热过程的传热温度差。

解 恒压下用饱和水蒸气作为热源加热空气时,蒸汽这一边的温度是恒定

的。查附录中饱和水蒸气表可得500kPa的饱和水蒸气温度为151.7℃。所以

热流体温度 $T=151.7$℃

冷流体进口温度 $t_1=20$℃，出口温度 $t_2=120$℃

则
$$\Delta t_1 = T - t_1 = 151.7 - 20 = 131.7℃$$
$$\Delta t_2 = T - t_2 = 151.7 - 120 = 31.7℃$$
$$\Delta t_1/\Delta t_2 = 131.7/31.7 = 4.15 > 2$$

所以应按对数平均法计算平均传热温度差

$$\Delta t_m = \frac{\Delta t_1 - \Delta t_2}{\ln \frac{\Delta t_1}{\Delta t_2}} = \frac{131.7 - 31.7}{\ln \frac{131.7}{31.7}} = \frac{100}{\ln 4.15} = 70.3℃$$

(2) **间壁两边流体变温时传热温度差计算**　间壁两边流体的温度均沿传热面变化时，传热温度差不但沿传热面变化，还与两流体的流向有关，需分别讨论。

① 并流和逆流时的平均温度差　在换热器中参加热交换的两种流体在间壁的两边分别以相同的方向流动，称为**并流**；若以相反的方向流动则称为**逆流**，如图4-12所示。在这种换热器中，间壁一边为热流体，另一边为冷流体。两种流体的温度均沿传热面随流动距离而变化，热流体温度逐渐下降，冷流体温度逐渐增高。

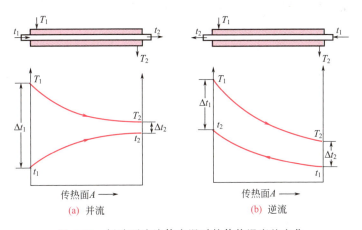

图 4-12　间壁两边流体变温时的传热温度差变化

经过理论推导可以证明，并流和逆流两种流向的平均传热温度差计算式与式(4-31)完全一样，即

$$\Delta t_m = \frac{\Delta t_1 - \Delta t_2}{\ln \frac{\Delta t_1}{\Delta t_2}}$$

当 $\frac{\Delta t_1}{\Delta t_2} \leqslant 2$ 时，仍可用算术平均值计算，即 $\Delta t_m = \frac{\Delta t_1 + \Delta t_2}{2}$。

例 4-11 在一石油热裂解装置中，所得热裂物的温度为 300℃。今拟设计一台热交换器，利用此热裂物的热量来预热进入装置的石油。石油进入热交换器的温度 $t_1=25℃$，拟预热到 $t_2=180℃$。热裂产物的终温 T_2 规定不得低于 200℃，试计算热裂解产物与石油在换热器内分别采用逆流和并流时的平均传热温度差 Δt_m。

 （1）两种流体逆流流动

$$T_1=300℃ \qquad T_2=200℃$$
$$t_2=180℃ \qquad t_1=25℃$$

则
$$\Delta t_2=120℃ \qquad \Delta t_1=175℃$$

所以
$$\Delta t_m=\frac{\Delta t_1-\Delta t_2}{\ln\dfrac{\Delta t_1}{\Delta t_2}}=\frac{175-120}{\ln\dfrac{175}{120}}=145.9℃$$

由于
$$\frac{\Delta t_1}{\Delta t_2}=\frac{175}{120}=1.46<2$$

所以用算术平均值也能满足工程上的要求

$$\Delta t_m=\frac{\Delta t_1+\Delta t_2}{2}=\frac{175+120}{2}=147.5℃$$

（2）两种流体并流流动

$$T_1=300℃ \qquad T_2=200℃$$
$$t_1=25℃ \qquad t_2=180℃$$

则
$$\Delta t_1=275℃ \qquad \Delta t_2=20℃$$

所以
$$\Delta t_m=\frac{\Delta t_1-\Delta t_2}{\ln\dfrac{\Delta t_1}{\Delta t_2}}=\frac{275-20}{\ln\dfrac{275}{20}}=97.3℃$$

由上可知，参加热交换的两种流体，虽然其进出口温度分别相同，但逆流时的 Δt_m 比并流时为大。因此，就增加传热过程的推动力 Δt_m 而言，逆流操作总是优于并流。

② 错流和折流时的平均温度差 在换热器中参加热交换的两种流体在间壁的两边，彼此呈垂直方向流动称为错流，如图 4-13(a) 所示。若参加热交换的两种流体在间壁两边，其中之一只沿一个方向流动，而另一边的流体先沿一

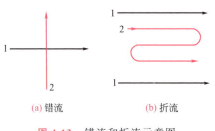

图 4-13 错流和折流示意图

个方向流动，然后折回以相反方向流动，此称为**简单折流**，如图 4-13(b) 所示。若两流体均作折流流动，则称为**复杂折流**。

对于错流和折流的传热温度差，通常是先按逆流求算，然后再根据具体流动形式乘以温度差校正系数 $\varphi_{\Delta t}$，即

$$\Delta t_m = \varphi_{\Delta t} \Delta t_{m逆} \tag{4-32}$$

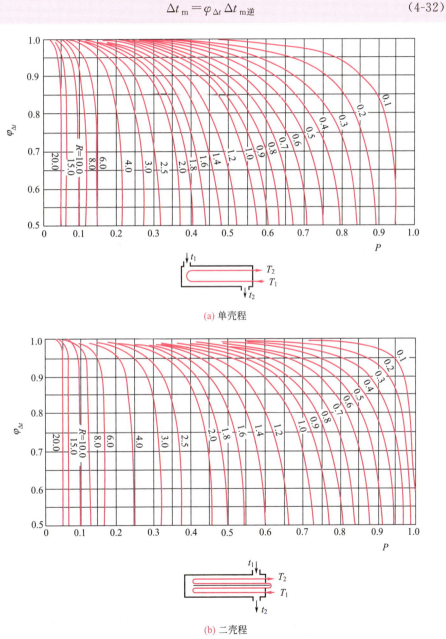

(a) 单壳程

(b) 二壳程

图 4-14 多程列管式换热器温度差校正系数 $\varphi_{\Delta t}$ 值

温度差校正系数 $\varphi_{\Delta t}$ 与冷、热两流体的温度变化有关,可以根据 P 和 R 两个参数从相应的图中查得。上述

$$P = \frac{t_2 - t_1}{T_1 - t_1} = \frac{冷流体的温升}{两流体的最初温度差}$$

$$R = \frac{T_1 - T_2}{t_2 - t_1} = \frac{热流体的温降}{冷流体的温升}$$

图 4-14(a)、(b) 分别适用于壳程为 1 程和 2 程,管程为 2、4、6、8 程等的多程列管式换热器。图 4-15 适用于错流的换热器。对于其他情况下的 $\varphi_{\Delta t}$ 值,可参阅有关传热专书或手册。

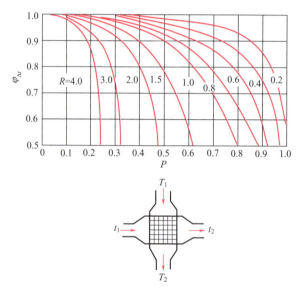

图 4-15 错流换热器温度差校正系数 $\varphi_{\Delta t}$ 值

由图可见,$\varphi_{\Delta t}$ 值恒小于 1,这是由于各种较复杂的流动,同时存在逆、并流的缘故,因此它们的 Δt_m 比纯逆流时为小。一般 $\varphi_{\Delta t}$ 不宜小于 0.8,否则使 Δt_m 过小,很不经济。

例 4-12 在一单壳程、2 管程的列管换热器中,用水冷却热油,冷却水在管内流动,进口水温为 15℃,出口为 32℃。油的进口温度为 120℃,出口温度为 40℃。试求两流体间的平均传热温度差。

解 此题为求简单折流时的平均传热温度差,先按逆流计算,即

$$\Delta t_{m逆} = \frac{\Delta t_1 - \Delta t_2}{\ln \dfrac{\Delta t_1}{\Delta t_2}} = \frac{(120-32)-(40-15)}{\ln \dfrac{120-32}{40-15}} = \frac{88-25}{\ln \dfrac{88}{25}} = 50℃$$

现

$$R = \frac{T_1 - T_2}{t_2 - t_1} = \frac{120 - 40}{32 - 15} = 4.71$$

$$P = \frac{t_2 - t_1}{T_1 - t_1} = \frac{32 - 15}{120 - 15} = 0.162$$

由图 4-14(a) 中查得 $\varphi_{\Delta t} = 0.89$

所以 $\Delta t_m = \varphi_{\Delta t} \Delta t_m = 0.89 \times 50 = 44.5 \text{℃}$

3. 不同流动形式的比较

如前所述的各种流动形式中，逆流和并流可以看作两个极端情况，由例 4-11 可以看出，如果两流体都是变温，则在进出口温度相同的条件下，逆流时的平均温差最大，并流时的平均温差最小，其他形式流动的平均温度差介于逆流和并流之间。因此，就提高传热推动力而言，逆流优于并流及其他流动形式。

逆流另一个优点是可以节省冷却介质或加热介质的用量。因为并流时冷流体的出口温度 t_2 总是低于热流体的出口温度 T_2。而逆流时，t_2 却可以高于 T_2，所以逆流冷却时，冷却介质的温升可比并流时大，冷却介质用量比并流时就可少一些。

由上分析可知，换热器应当尽量采用逆流流动。但是，在某些生产工艺有特殊要求时，如要求冷流体被加热时不得超过某一温度，或热流体被冷却时不能低于某一温度时，则采用并流操作比较容易控制。

至于错流和折流，与并流和逆流比较，其特点在于能使热交换器的结构比较紧凑合理。

四、传热系数的测定和计算

如前所述，传热系数是表示间壁两侧流体间传热过程强弱程度的一个数值，影响其大小的因素十分复杂。此值主要决定于流体的物性、传热过程的操作条件及换热器的类型等，因此 K 值变化范围很大。例如，某些情况下在列管式换热器中，传热系数 K 的经验值见表 4-6。下面分别讨论 K 值的计算和测定法。

表 4-6　列管式换热器中的传热系数 K 经验值

冷流体	热流体	传热系数 K /[W/(m²·℃)]	冷流体	热流体	传热系数 K /[W/(m²·℃)]
水	水	850～1700	水	水蒸气冷凝	1420～4250
水	气体	17～280	气体	水蒸气冷凝	30～300
水	有机溶剂	280～850	水	低沸点烃类冷凝	455～1140
水	轻油	340～910	水沸腾	水蒸气冷凝	2000～4250
水	重油	60～280	轻油沸腾	水蒸气冷凝	455～1020

1. 传热系数 K 值的测定

为了获得 K 值，可对现场的换热器进行测定。先测定有关数据，如设备尺寸，流体的流量和进、出口温度等，然后求得传热速率 Q、传热平均温度差 Δt_m 和传热面积 A，再由传热基本方程式计算 K 值，即

$$K = \frac{Q}{A\Delta t_m}$$

测得的 K 值，可作为其他类似物料，使用同类型热交换器时的参考；也可用来了解现场运行传热设备的性能现状，从而寻求提高设备生产能力的途径。此外，在制成新型换热器后，为了检查其传热性能，也需通过实验测定其 K 值。

2. 传热系数 K 值的计算

前已述及，在间壁式换热器中，热量由热流体传给冷流体的过程是由热流体与壁面的对流传热、间壁的导热和壁面与冷流体的对流传热三个串联过程组成。根据串联热阻叠加原理，即传热过程的总热阻等于各过程分热阻之和，可以导出传热系数 K 的计算式。**对于平壁或忽略圆筒壁内外表面积的差异**，则有

$$\frac{1}{K} = \frac{1}{\alpha_1} + \frac{\delta}{\lambda} + \frac{1}{\alpha_2} \tag{4-33}$$

或

$$K = \frac{1}{\dfrac{1}{\alpha_1} + \dfrac{\delta}{\lambda} + \dfrac{1}{\alpha_2}} \tag{4-34}$$

换热器在使用中，固体壁面上常有污垢积存，对传热产生附加热阻，使传热系数降低。因此，在使用和设计换热器时，应考虑污垢的问题。由于污垢厚度及其热导率难以测定，在工程计算时，通常是选用污垢热阻的经验值，作为计算 K 值的依据。表 4-7 列出了一些常见流体的污垢热阻的经验值。

表 4-7 常见流体污垢热阻的经验值

流体	污垢热阻 R /[(m²·℃)/kW]	流体	污垢热阻 R /[(m²·℃)/kW]
水(1m/s,$t>50$℃)		水蒸气	
蒸馏水	0.09	优质——不含油	0.052
海水	0.09	劣质——不含油	0.09
清净的河水	0.21	液体	
未处理的凉水塔用水	0.58	盐水	0.172
已处理的凉水塔用水	0.26	有机物	0.172
已处理的锅炉用水	0.26	熔盐	0.086
硬水、井水	0.58	植物油	0.52
气体		燃料油	0.172～0.52
空气	0.26～0.53	重油	0.86
溶剂蒸气	0.172	焦油	1.72

若间壁两侧表面上的污垢热阻分别为 $R_{垢1}$ 和 $R_{垢2}$，则传热系数的计算式为

$$K = \dfrac{1}{\dfrac{1}{\alpha_1} + R_{垢1} + \dfrac{\delta}{\lambda} + R_{垢2} + \dfrac{1}{\alpha_2}} \tag{4-35}$$

由于垢层的热导率很小，垢层虽薄，但对传热系数影响很大。对于流体易结垢，或换热器使用时间过长，污垢热阻往往会增加到使换热器的传热速率严重下降。所以换热器要根据具体工作条件，定期进行清洗。

若传热过程中无垢层存在，传热间壁由很薄的金属材料构成，且 λ 值很大，使间壁导热热阻可忽略时，则式(4-35)便简化为

$$K = \dfrac{1}{\dfrac{1}{\alpha_1} + \dfrac{1}{\alpha_2}} = \dfrac{\alpha_1 \alpha_2}{\alpha_1 + \alpha_2} \tag{4-36}$$

由上式知，若 $\alpha_1 \gg \alpha_2$，则 $K \approx \alpha_2$。说明总热阻是由热阻大的那一侧的对流传热所控制，即当两个对流传热系数相差较大时，要提高 K 值，关键在于提高对流传热系数小的一侧 α 值，亦即要尽量设法减小其中最大的分热阻。若两侧 α 值相差不大时，则应同时考虑提高两侧的 α 值，以达提高传热系数 K 值的目的。

例 4-13 某换热器间壁的一侧为热空气，其对流传热系数 α_1 为 $50\text{W}/(\text{m}^2 \cdot ℃)$，间壁另一侧为冷却水，其对流传热系数 α_2 为 $1000\text{W}/(\text{m}^2 \cdot ℃)$。间壁厚2mm，热导率 λ 值为 $45\text{W}/(\text{m} \cdot ℃)$。空气侧的污垢热阻 $R_{垢1}$ 为 $0.5 \times 10^{-3} \text{ m}^2 \cdot ℃/\text{W}$，水侧的污垢热阻 $R_{垢2}$ 为 $0.26 \times 10^{-3} \text{ m}^2 \cdot ℃/\text{W}$。试求按平壁计的总传热系数 K 值。

解 $K = \dfrac{1}{\dfrac{1}{\alpha_1} + R_{垢1} + \dfrac{\delta}{\lambda} + R_{垢2} + \dfrac{1}{\alpha_2}}$

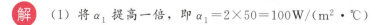

$= \dfrac{1}{\dfrac{1}{50} + 0.5 \times 10^{-3} + \dfrac{0.002}{45} + 0.26 \times 10^{-3} + \dfrac{1}{1000}} = 45\text{W}/(\text{m}^2 \cdot ℃)$

例 4-14 在上例中，若管壁热阻和污垢热阻可以忽略。为了提高总传热系数，在其他条件不变情况下，设法提高对流传热系数，即：(1) 将 α_1 提高一倍；(2) 将 α_2 提高一倍。试分别计算 K 值。

解 (1) 将 α_1 提高一倍，即 $\alpha_1 = 2 \times 50 = 100\text{W}/(\text{m}^2 \cdot ℃)$

则
$$K = \cfrac{1}{\cfrac{1}{\alpha_1}+\cfrac{1}{\alpha_2}} = \cfrac{1}{\cfrac{1}{100}+\cfrac{1}{1000}} = 90.9 \text{W/(m}^2 \cdot \text{℃)}$$

(2) 将 α_2 提高一倍，即 $\alpha_2 = 2 \times 1000 = 2000 \text{W/(m}^2 \cdot \text{℃)}$

则
$$K = \cfrac{1}{\cfrac{1}{\alpha_1}+\cfrac{1}{\alpha_2}} = \cfrac{1}{\cfrac{1}{50}+\cfrac{1}{2000}} = 48.7 \text{W/(m}^2 \cdot \text{℃)}$$

上述计算结果表明，K 值总是接近于小的 α 值。当两个 α 值相差较大时，提高小的 α 值时 K 值增加得较为显著，而增加大的 α 值时 K 值增加得不多。因此，在传热过程中要提高 K 值，关键是提高小的 α 值。

例 4-15 生产中要求用冷却水以逆流方式将苯在间壁式换热器内由 80℃ 冷却到 40℃，苯的流量为 1.25kg/s。冷却水的进口温度为 20℃，出口温度不超过 50℃。已知换热器总传热系数 K 值为 470W/(m²·℃)，忽略热损失。试求：(1) 冷却水用量；(2) 所需换热器的传热面积。

 (1) 冷却水用量　由附录查得苯的平均比热容为 1.82kJ/(kg·℃)；水的平均比热容为 4.17kJ/(kg·℃)。

依热量衡算式 $Q_热 = Q_冷$，得

$$q_{m水} = \cfrac{q_{m苯} c_苯 (T_1 - T_2)}{c_水 (t_2 - t_1)} = \cfrac{1.25 \times 1.82 \times (80-40)}{4.17 \times (50-20)} = 0.727 \text{kg/s} = 2617 \text{kg/h}$$

(2) 所需换热器的传热面积　依传热基本方程式求传热面积，即

$$A = \cfrac{Q}{K \Delta t_m}$$

① 换热器的热负荷

$$Q = Q_热 = q_{m热} c_热 (T_1 - T_2)$$
$$= 1.25 \times 1.82 \times 10^3 \times (80-40) = 91 \times 10^3 \text{W}$$

② 平均温度差

$$T_1 = 80℃ \qquad T_2 = 40℃$$
$$t_2 = 50℃ \qquad t_1 = 20℃$$
$$\Delta t_1 = 30℃ \qquad \Delta t_2 = 20℃$$

由于 $\cfrac{\Delta t_1}{\Delta t_2} \leqslant 2$，可用算术平均值计算，即

$$\Delta t_m = \cfrac{\Delta t_1 + \Delta t_2}{2} = \cfrac{30+20}{2} = 25℃$$

③ 换热器的传热面积

$$A = \frac{Q}{K\Delta t_\mathrm{m}} = \frac{91000}{470 \times 25} = 7.74 \mathrm{m}^2$$

第五节 管路和设备的热绝缘

在化工生产中，当设备和管路与外界环境存在一定温度差时，就要在其外壁上加设一层隔热材料，防止热量在设备和环境之间进行传递，这种措施称为保温，也称热绝缘。热绝缘包括"保温"和"保冷"两个方面。设备温度高于环境温度，要防止热量损失，这是"保温"；设备温度低于环境温度，要防止设备从环境吸收热量，即防止"冷量"损失，这是"保冷"，习惯上将二者统称为保温。

一、保温的目的

（1）减少热量或冷量的损失，提高操作的经济程度。
（2）维持设备一定的温度，保证生产在规定的温度下进行。
（3）避免某些易燃物料泄漏到裸露的高温管道上，可能引起火灾，或高温设备裸露在外，可能造成烫伤事故，以保证安全。
（4）维持正常的车间温度，保证良好的劳动条件。

二、保温结构

保温结构通常由绝热层和保护层构成。绝热层是保温的内层，由热导率小的材料构成，它的作用是阻止设备与外界环境之间的热量传递，是保温的主体部分；保护层是保温的外层，具有固定、保护绝热层和美观等作用。如果设备在室内，保护层可用玻璃布或轻质防水布；如果在室外，保护层应涂防潮涂料或加金属防护壳。保冷还要加防潮层，一般加在保护层的内侧。

三、对保温材料的要求

（1）热导率小，一般 $\lambda < 0.2 \mathrm{W/(m \cdot ℃)}$。
（2）空隙率大，密度小，机械强度大，膨胀系数小。
（3）化学稳定性好，对被保温的金属表面无腐蚀作用。
（4）吸水率要小，耐火性能好。
（5）经济耐用，施工方便。

四、绝热层的厚度

增加绝热层厚度，将减少热损失，可节省操作费用。但绝热层的费用将随其厚度的增加而加大，而且随着厚度的增加，可节省的操作费用将减少，甚至省下来的热量不足以抵偿所耗绝热层的费用，因此应通过核算以确定绝热层的经济厚度。绝热层厚度的计算，一般是根据生产情况，规定一个合乎要求的绝热层外表面温度和允许的热损失，由导热方程式计算。绝热层厚度除特殊要求应进行计算外，一般可根据经验加以选用（可查有关手册）。

例 4-16 为了减少热量损失和保证安全工作条件，在外径为 133mm 蒸汽管道外覆盖保温层。蒸汽管外壁温度为 400℃，按某厂安全操作规定，保温材料外侧温度不得超过 50℃。如果采用水泥蛭石制作保温材料，并把每米长管道的热损失 Q/L 控制在 465W/m 之下，已知保温材料 $\lambda = 0.102 + 0.000197 t_{均}$。问保温层厚度为多少（mm）？

解 保温层平均温度为

$$t_{均} = \frac{400 + 50}{2} = 225℃$$

保温材料的热导率为

$$\lambda = 0.102 + 0.000197 \times 225 = 0.146 \text{W}/(\text{m} \cdot ℃)$$

由

$$Q = \frac{2\pi L \lambda (t_1 - t_2)}{\ln \frac{d_2}{d_1}}$$

得

$$\ln \frac{d_2}{d_1} = \frac{2\pi \lambda (t_1 - t_2)}{\frac{Q}{L}}$$

所以

$$\ln d_2 = \frac{2\pi \lambda (t_1 - t_2)}{\frac{Q}{L}} + \ln d_1$$

$$= \frac{2 \times 3.14 \times 0.146 \times (400 - 50)}{465} + \ln 0.133$$

$$= -1.327$$

解得

$$d_2 = 0.265 \text{m}$$

保温层厚度 δ

$$\delta = \frac{d_2 - d_1}{2} = \frac{0.265 - 0.133}{2} = 0.066 \text{m} = 66 \text{mm}$$

第六节 换热器

换热器是化工厂中重要的设备之一。在生产中可用作加热器、冷却器、冷凝器、蒸发器和再沸器等，应用极为广泛。由于化工生产中对换热器有不同的要求,所以换热设备也有各种形式,但根据冷、热流体间热量交换的方式基本上可分为三类,即本章开始所述及的间壁式、混合式和蓄热式。在这三类换热器中,以间壁式换热器最为普遍,本节主要讨论此类换热器。

一、间壁式换热器

按照传热面的形式,间壁式换热器可分为夹套式、管式、板式和各种异型传热面组成的特殊形式换热器。

1. 夹套式换热器

如图 4-16 所示,夹套装在容器外部,夹套与器壁之间形成封闭空间,成为载热体通道。

夹套式换热器主要用于反应过程的加热或冷却。当用蒸汽进行加热时,蒸汽由上部接管进入夹套,冷凝水则由下部接管流出。作为冷却时,冷却剂(如冷却水)由夹套下部接管进入,而由上部接管流出。

这种换热器的传热系数较小,传热面又受容器的限制,因此适用于传热量不太大的场合。为了提高其传热性能,可在容器内安装搅拌器,使器内液体作强制对流,为了弥补传热面的不足,还可在容器内加设蛇管等。

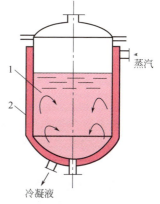

图 4-16 夹套式换热器
1—容器;2—夹套

2. 管式换热器

(1)沉浸式蛇管换热器 蛇管多以金属管弯绕而成,或制成适应容器要求的形状,沉浸在容器中,如图 4-17 所示。两种流体分别在管内、外流动而进行热交换。图 4-18 为常见的几种蛇管形式。其优点是结构简单,价格低廉,便于防腐蚀,能承受高压。主要缺点是由于容器体积较蛇管的体积大得多,故管外流体的对流传热系数 α 值较小。因而传热系数 K 值也较小。如在容器内加搅拌器或减小管外空间,则可提高传热系数。

(2)喷淋式换热器 喷淋式换热器如图 4-19 所示,它主要作为冷却器用,且是用水作喷淋冷却剂,故常称为水冷器。它是将若干根管子水平排列在同一垂直面上,上下相邻的两管用 U 形肘管连接起来而组成。热流体在管内流动,自最下管进入,由最上管流出。冷却水从上部的多孔分布管流下,分布在蛇管上,并沿其两侧下降到下面的管子表面,最后流入水槽。冷水在各管面上流过时,与管内流体进行热交换。这种设备常放置在室外空气流通处,冷却水在外部汽化时,可带走部分热量,以提高冷却效果。它和沉浸式蛇管换热器相比,还具有便于检修、清洗和传热效果较好等优点。其缺点是喷淋不易均匀。

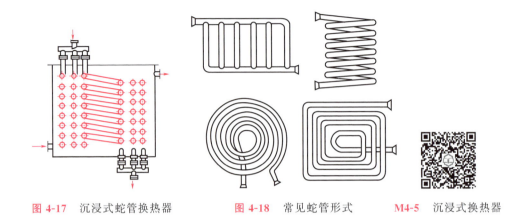

图 4-17　沉浸式蛇管换热器　　图 4-18　常见蛇管形式　　M4-5　沉浸式换热器

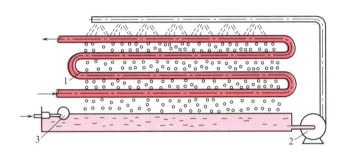

图 4-19　喷淋式换热器　　　　　　　　　　　　M4-6　喷淋式换热器

1—蛇管；2—循环泵；3—控制阀

（3）套管式换热器　套管式换热器是用管件将两种直径不同的标准管连接成为同心圆的套管，然后由多段这种套管连接而成，如图 4-20 所示。每一段套管简称为一程，每程的内管与次一程的内管顺序地用 U 形肘管相连接，而外管则

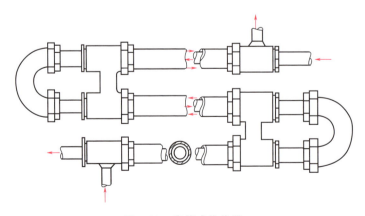

图 4-20　套管式换热器　　　　　　　　　　　　M4-7　套管式换热器

以支管与下一程外管相连接,程数可根据传热要求而增减。每程的有效长度为4~6m,若太长则管子向下弯曲,使环隙中流体分布不均匀。常见的套管直径有下列几种组合。见表4-8。

表4-8 常见套管直径组合

外管外直径/mm	60	70	89	114
内管外直径/mm	42	42	60	89

套管换热器的优点为:构造简单,能耐高压,传热面积可根据需要增减,适当地选择内管和外管的直径,可使流体的流速增大,而且两方的流体可作严格逆流,传热效果较好。

其缺点为:管间接头较多,易发生泄漏;占地面积较大,单位换热器长度具有的传热面积较小。故在要求传热面积不大但传热效果较好的场合宜采用此种换热器。

(4) 列管式换热器 列管式换热器又称管壳式换热器,是目前化工生产上应用最为广泛的一种换热器。它与前述几种换热器相比,主要优点是单位体积所具有的传热面积大,并且传热效果好。此外,结构较简单,制造材料也较为广泛,适应性强,尤其是在高温、高压和大型装置中采用更为普遍。

① 列管式热交换器的构造 列管式热交换器主要由壳体、管束、管板(又称花板)和顶盖(又称封头)等部件组成,如图4-21所示。管束安装在壳体内,两端固定在管板上,管板分别焊在外壳的两端,并在其上连接有顶盖。顶盖和壳体上装有流体进、出口接管。沿着管长方向,常常装有一系列垂直于管束的挡板。进行换热时,一种流体由顶盖的进口管进入,通过平行管束的管内,从另一端顶盖出口接管流出,称为管程。另一种流体则由壳体的接管进入,在壳体与管束间的空隙处流过,而由另一接管流出,称为壳程。管束的表面积即为传热面积。流体一次通过管程的称为单管程,一次通过壳程的称为单壳程。图4-21即为单程管壳式热交换器。

列管式换热器传热面积较大时,管子数目则较多,为了提高管程流体的流速,常将全部管子平均分隔成若干组,使流体在管内往返经过多次,称为多管

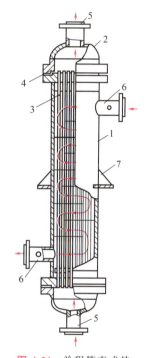

图4-21 单程管壳式热交换器

1—壳体;2—顶盖;3—管束;
4—管板;5,6—连接管口;
7—支架

程。如图 4-22 即为双程列管式热交换器。

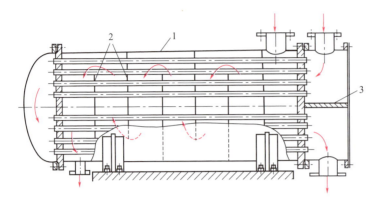

图 4-22　双程列管式热交换器
1—外壳；2—挡板；3—隔板

M4-8　列管式换热器

为了提高壳程流体的速度，往往在壳体内安装一定数目与管束相垂直的**折流挡板**（简称挡板）。这样既可提高流体速度，同时迫使壳程流体按规定的路径多次错流通过管束，使湍动程度增加，以利于管外对流传热系数的增大。常用的挡板有圆缺形和圆盘形两种，如图 4-23 所示，前者应用较为广泛，所形成壳内流体流动情况如图 4-24 所示。

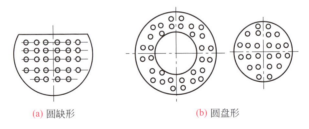

(a) 圆缺形　　(b) 圆盘形

图 4-23　折流挡板的形式

② 列管式换热器的基本形式　列管式换热器中，由于冷热两流体温度不同，使壳体和管束的温度也不同，因此它们的热膨胀程度也有差别。若两流体的温度相差较大（如 50℃ 以上）时，就可能由于热应力而引起设备的变形，甚至弯曲和断裂，或管子从管板上松脱，因此必须采取适当的温差补偿措施，消除或减小热应力。根据采取热补偿方法的不同，列管式换热器可分为以下几种主要形式。

a. 固定管板式换热器　固定管板式换热器如前述图 4-21 所示。所谓固定管板式，即两端管板和壳体连接成一体的结构形式，因此它具有结构简单和造价低廉的优点，但壳程清洗困难，因此要求壳方流体应是较清洁且不容易结垢的物

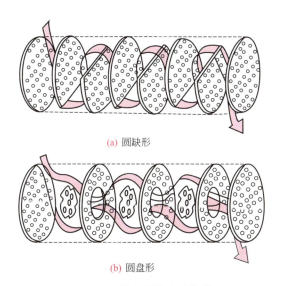

(a) 圆缺形

(b) 圆盘形

图 4-24　壳内流体流动情况

料。当两流体的温度差较大时，应考虑热补偿。图 4-25 为具有**补偿圈**（或称**膨胀节**）的固定管板式换热器，即在外壳的适当部位焊上一个补偿圈，当外壳和管束膨胀不同时，补偿圈发生弹性变形（拉伸或压缩），以适应外壳和管束的不同热膨胀。此法适用于两流体温度差小于 60～70℃，壳程压强小于 588kPa 的场合。

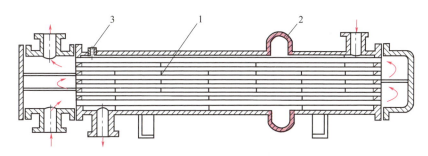

图 4-25　具有补偿圈的固定管板式换热器
1—挡板；2—补偿圈；3—放气嘴

b. U 形管式换热器　U 形管式换热器如图 4-26 所示。每根管子都弯成 U 形，管子两端均固定在同一管板上，因此每根管子可以自由伸缩，从而解决热补偿问题。这种形式换热器的结构也较简单，质量轻，适用于高温和高压的情况。其主要缺点是管程清洗比较困难；且因管子需一定的弯曲半径，管板利用率较差。

c. 浮头式换热器　浮头式换热器如图 4-27 所示。两端管板中有一端不与外

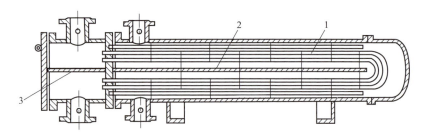

图 4-26　U 形管式换热器

1—U 形管；2—壳程隔板；3—管程隔板

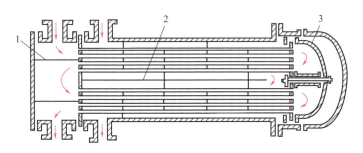

图 4-27　浮头式换热器

1—管程隔板；2—壳程隔板；3—浮头

壳固定连接，该端称为浮头，这样当管束和壳体因温度差较大而热膨胀不同时，管束连同浮头就可在壳体内自由伸缩，而与外壳无关，从而解决热补偿问题。另外，由于固定端的管板是以法兰与壳体相连接的，因此管束可以从壳体中抽出，便于清洗和检修。所以浮头式换热器应用较为普遍。但结构比较复杂，金属耗量多，造价较高。

3. 板式换热器

（1）螺旋板式换热器　如图 4-28 所示。螺旋板式换热器是由两块薄金属板焊接在一块分隔挡板（图中心的短板）上，并卷成螺旋形而构成，在器内形成两条螺旋形通道。进行热交换时，使冷、热两流体分别进入两条通道，一种流体从螺旋形通道外层的连接管进入，沿螺旋形通道向中心流动，最后由热交换器中心室连接管流出，另一种流体则从中心室连接管进入，顺螺旋形通道沿相反方向向外流动，最后由外层的连接管流出。两流体在器内作严格的逆流流动。螺旋板换热器的直径一般在 1.6m 以下，板宽 200～1200mm，板厚 2～4mm，两板间的距离为 5～25mm。常用材料为碳钢和不锈钢。

螺旋板式换热器的优点如下。

① 传热系数大　由于流体在器内螺旋通道中作旋转运动时，受离心力作用

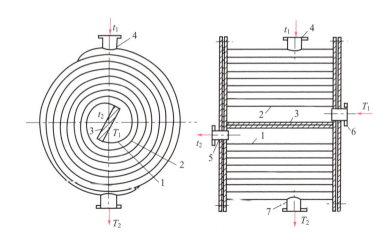

图 4-28 螺旋板式换热器

1,2—金属板；3—隔板；4,5—冷流体连接管；6,7—热流体连接管

和两板间定距柱的干扰，在较低的雷诺数下即可达到湍流（一般 $Re=1400\sim 1800$，有时低到 500）。并且可选用较高流速（对液体为 2m/s，气体为 20m/s），所以其传热系数较高。如水对水的换热，其传热系数可达 $2000\sim 3000 W/(m^2 \cdot K)$，而列管式换热器一般为 $1000\sim 2000 W/(m^2 \cdot K)$。

② 结构紧凑　单位体积的传热面积约为列管式换热器的 3 倍。例如一台传热面积为 $100m^2$ 的螺旋板式换热器，其直径和高仅为 1.3m 和 1.4m，其容积仅为列管式换热器的几分之一。金属的耗用量少，热损失也小。

③ 不易堵塞　由于流体的流速较高，流体中悬浮物不易沉积下来，一旦流道某处沉积了污垢，该处的流通截面减小，流体在该处的局部流速相应提高，使污垢较易被冲刷掉，所以此换热器不易堵塞。

④ 能充分利用低温热源　由于流体在器内流道长及两流体完全逆流，所以能利用较小传热温度差进行操作。

其主要缺点是操作压强和温度不宜太高，目前操作压强为 $1.96\times 10^3 kPa$ 以下，温度约在 $300\sim 400 ℃$。此外整个换热器被卷制而成焊为一体，一般发生泄漏时，修理内部很困难。

（2）板式换热器　板式换热器是由一组金属薄片、相邻板之间衬以垫片并用框架夹紧组装而成。如图 4-29 所示为矩形板片，其上四角开有圆孔，形成流体通道。冷热流体分别在板片两侧流过，通过板片进行换热。板片厚度为 $0.5\sim 3mm$，通常压制成各种波纹形状，以增加板的刚度，同时又可使流体分布均匀，加强湍动，提高传热系数。

M4-9　板式换热器

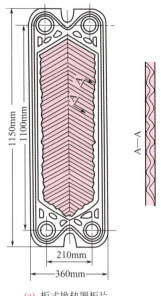

(a) 板式换热器板片
(人字形波纹板片结构)

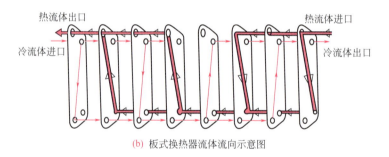

(b) 板式换热器流体流向示意图

图 4-29 板式换热器

板式换热器的优点是：结构紧凑，单位容积所提供的传热面积为 $250 \sim 1000 m^2/m^3$。而管壳式换热器只有 $40 \sim 150 m^2/m^3$，金属耗量可减少很多；传热系数较大，例如在板式换热器内，水对水的传热系数可达 $1500 \sim 4700 W/(m^2 \cdot ℃)$；可以任意增减板数以调整传热面积；另外检修、清洗都很方便。

板式换热器的主要缺点是允许的操作压强和温度比较低。通常操作压强不超过 $1.96 \times 10^3 kPa$，压强过高容易渗漏。操作温度受垫片材料的耐热性限制，一般不超过 250℃。

(3) 板翅式换热器 板翅式换热器是一种更为高效、紧凑的换热器。如图 4-30 所示，在两块平行金属薄板之间，夹入波纹状或其他形状的翅片，两边以侧封条密封，即组成一个换热基本元件（单元体）。将各基本元件进行不同的叠

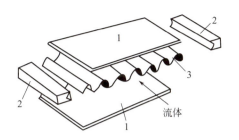

图 4-30　板翅式换热器单元体分解图
1—平隔板；2—侧封条；3—翅片

积和适当排列，并用铅焊焊成一体，即可制成逆流式或错流式板束，如图 4-31 所示。再将板束放入带有流体进、出口的集流箱内用焊接固定，就组成为板翅式换热器。

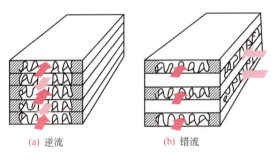

(a) 逆流　　　　(b) 错流

图 4-31　板翅式换热器的板束

板翅式换热器结构紧凑，单位容积传热面积高达 $2500 \sim 4000 \mathrm{m}^2$。所用翅片形状可促进流体湍动和破坏滞流内层，故其传热系数大。例如，空气作强制对流时的传热系数为 $35 \sim 350 \mathrm{W/(m^2 \cdot ℃)}$，油类为 $120 \sim 1750 \mathrm{W/(m^2 \cdot ℃)}$。因翅片对隔板有支撑作用，因而板翅式换热器具有较高的强度，允许操作压强可达 $4.9 \times 10^3 \mathrm{kPa}$。但其制造工艺比较复杂，且清洗和检修困难，因而要求换热介质洁净。

4. 翅片管式换热器

为了增加传热面积，提高传热速率，在管子表面加上径向或轴向翅片，称为翅片管式换热器（也称管翅式换热器），如图 4-32 所示。常见的几种翅片形式如图 4-33 所示。

当两种流体的对流传热系数相差很大时，例如用水蒸气加热空气，此传热过程的热阻主要是集中在壁面和空气之间的对流传热方面。要提高整个传热过程的传热速率，就必须设法提高壁面和空气间的对流传热速率。若空气在管外流动时，则在管外装置翅片，既可加大传热面积又可增加流体的湍流程度，使对流传

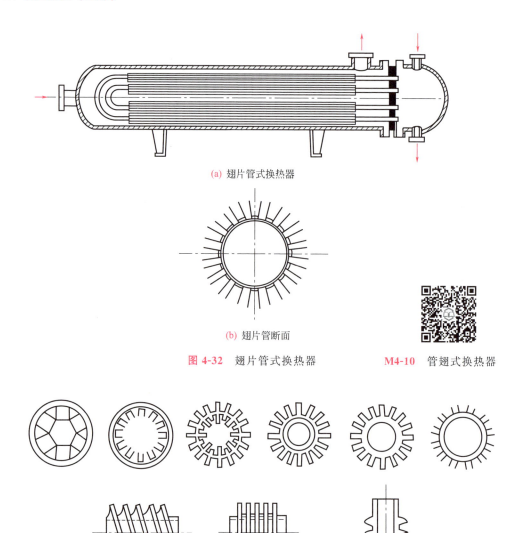

图 4-32 翅片管式换热器　　M4-10 管翅式换热器

图 4-33 常见的几种翅片形式

热系数增大。这样，可以减少两边对流传热系数过于悬殊的影响，从而提高换热器的传热效果。一般来说，当管内、外流体的对流传热系数之比为 3∶1 或更大时，宜采用翅片管式换热器。为了强化传热，则在换热管对流传热系数小的一侧加上翅片。

翅片的种类很多，按翅片的高度不同，可分为高翅片和低翅片（如螺纹管）两种。高翅片用于管内、外两流体对流传热系数相差较大的场合，如气体的加热或冷却。低翅片用于管内外两流体对流传热系数不太大的场合，如黏度较大的液体的加热或冷却等。

5. 热管换热器

热管是一种新型换热元件。最简单的热管是在抽出不凝性气体的金属管内充以某种工作液体,然后将两端封闭,如图4-34所示。管子的内表面覆盖一层具有毛细结构材料做成的芯网,由于毛细管力的作用,液体可渗透到芯网中去。当加热段吸收热流体的热量受热时,管内工作液体受热沸腾,产生的蒸气沿管子轴向流动,流至冷却段时向冷流体放出潜热而冷凝,冷凝液沿着吸液芯网回流至加热段再次受热沸腾。如此反复循环,热量则不断由热流体传给冷流体。

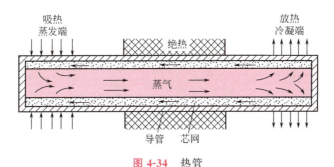

图 4-34 热管

在热管内部,由于进行的是有相变的传热过程,对流传热系数很大,热阻主要集中在蒸发段和冷凝段的管外一侧。热管把传统的内、外表面间的传热巧妙地转化为两管外表面的传热,使冷热两侧都可方便地采用加翅片的方法进行强化。因此,用热管制成的换热器,对强化壁两侧对流传热系数都很小的气-气传热过程特别有效。

热管的材质可用不锈钢、铜、铝等,工作液体可根据操作温度要求进行选用,如选用液氮、液氨、甲醇、水和液态金属等。这种新型换热器具有传热能力大、应用范围广、结构简单、工作可靠等优点,已受到各方面的重视。

二、换热器传热过程的强化途径

换热器传热过程的强化,就是提高冷、热流体间的传热速率。从传热基本方程式 $Q=KA\Delta t_m$ 可以看出,增大传热面积 A、平均温度差 Δt_m 或传热系数 K,均可提高传热速率 Q。

1. 增大传热面积

增大传热面积,可以提高换热器的传热速率。但是增大传热面积不能靠增大换热器的尺寸来实现,而是应从改进设备的结构入手,即提高单位体积的传热面积。工业上可通过改进传热面的结构来实现,采用的方法如下。

(1) 用翅片来增大传热面积，并可加剧流体湍动以提高传热速率。翅片的种类和形式很多，前面介绍的翅片管式换热器和板翅式换热器均属此类。

(2) 在管壳式换热器中采用小直径管，可以增加单位体积的传热面积。但同时由于流道的变化，流体流动阻力会有所增加。

(3) 将传热面制成各种凹凸形、波纹形等，使流道截面的形状和大小均发生变化。例如常用波纹管、螺纹管代替光滑管，这不仅可增大传热面积，而且可增加流体的扰动，从而强化传热。

2. 增大平均温度差

增大平均温度差，可以提高换热器的传热速率。平均温度的大小主要取决于两流体的温度条件和两流体在换热器中的流动形式。一般来说，物料的温度由生产工艺来决定，不能随意变动，而加热介质或冷却介质的温度由于选取的介质不同，可以有很大的差异。例如化工中常用的加热介质是饱和水蒸气，若提高蒸汽的压强就可以提高蒸汽的温度，从而提高平均温度差。但需指出的是，提高介质的温度必须考虑到技术上的可行性和经济上的合理性。另外当两侧流体均变温时，从换热器结构上采用逆流操作或增加壳程数，均可得到较大的平均温度差。

3. 增大传热系数

增大传热系数，可以提高换热器的传热速率。从传热系数计算公式可知，要提高 K 值需减小各项热阻，在这些热阻中，若有一个热阻很大，而其他的热阻比较小时，则应从降低最大热阻着手。

在换热器中，金属壁面比较薄而且热导率较大，一般不会成为主要热阻。

污垢热阻是一个可变因素，在换热器刚投入使用时，污垢热阻很小，不会成为主要热阻，但随着使用时间的延长，污垢逐渐增多，便可能成为障碍传热的主要因素。因此，应通过定期清除传热面上的污垢，来减小污垢热阻。

对流传热热阻，是传热过程的主要热阻。当壁面两侧对流传热系数相差较大时，应设法强化对流传热系数较小一侧的对流传热。提高对流传热的方法有：①提高流体的速度，增加流体流动的湍动程度，减薄滞流内层。例如增加列管式换热器中的管程数和壳体中的挡板数，可分别提高管程和壳体中的流速。②增加流体的扰动，以减薄滞流底层。如在管式换热器中，在管内安放或管外套装如麻花铁、螺旋圈或金属卷片等添加物，均可增加流体的扰动。③对蒸汽冷凝传热过程，要设法减薄壁面上冷凝液膜的厚度，以减小热阻，提高对流传热系数。如对垂直壁面，可在壁面上开若干纵向沟槽使冷凝液沿沟槽流下，可减薄其余壁面上的液膜厚度，以强化冷凝对流传热过程。除开沟槽外，沿垂直壁面装若干条纵向金属丝，冷凝液会在表面张力的作用下，向金属丝附近集中并沿丝流下，从而使金属丝之间壁面上的液膜大为减薄，使对流传热系数增加。

综上所述，可见强化换热器传热的途径是多方面的。但对某个实际传热过程，应作具体分析，要结合生产实际情况，从设备结构、动力消耗、清洗检修的难易程度等作全面的考虑，而采取经济、合理的强化传热的措施。

三、换热器操作注意事项

换热器操作的好坏，对换热器的传热效果以及使用寿命有很大的影响。现以列管式换热器为例做一简要说明。

（1）开车前应检查有关仪表和阀门是否完好，齐全。

（2）开车时要先通入冷流体，再通入热流体，要做到先预热后加热，以免换热器受到损坏，影响使用寿命。停车时也要先停热流体，再停冷流体。

（3）换热器通入流体时，不要把阀门开得过快，否则容易造成管子受到冲击、振动，以及局部骤然胀缩，产生应力，使局部焊缝开裂或管子与管板连接处松动。

（4）用水蒸气加热时要及时排放冷凝水和定期排放不凝性气体，以提高传热效果。

（5）定期分析换热器低压侧流体的成分，确定有无内漏，以便及时维修。

（6）经常检查流体的出口温度，发现温度下降，则可能是换热器内污垢增厚，使传热系数下降，此时应视具体情况，决定是否对换热器进行除垢。

（7）换热器停止使用时，应将器内液体放净，防止冻裂和腐蚀。

（8）如果进行热交换的流体为腐蚀性较强的流体，或高压流体，应定期对换热器进行测厚检查，避免发生事故。

思考题

4-1 传热在化工生产中有哪些应用？举例说明。

4-2 传热有哪几种基本方式？各有什么特点？

4-3 工业上的换热方式有哪几种？各适用于什么场合？

4-4 什么是稳定传热和不稳定传热？

4-5 试说明热导率、对流传热系数和传热系数的物理意义及单位。

4-6 换热器的热负荷与传热速率有何区别？

4-7 在列管式换热器中，拟用饱和水蒸气加热空气，试问：

（1）传热系数接近于哪种流体的对流传热系数？

（2）热阻主要集中在哪一侧？

(3) 管壁温度接近于哪种流体的温度？

(4) 如何确定两流体的通入空间？为什么？

4-8 用饱和水蒸气加热时为什么要排除不凝性气体和冷凝水？

4-9 为什么对间壁两边流体都是变温传热时大多采用逆流传热？

4-10 试述列管式换热器的主要构造及热补偿的作用和方法。

4-11 列管式换热器设置分程挡板和折流挡板的目的是什么？

4-12 试分析强化传热过程的途径。

4-13 管路和设备保温的目的是什么？

4-1 试比较 1mm 厚的钢板、水垢和灰垢的热阻。已知它们的热导率分别为 46.4W/(m²·℃)、1.16W/(m²·℃)、0.116W/(m²·℃)，导热面积都为 1m²。由此得出：1mm 厚的水垢热阻相当于多少毫米厚的钢板的热阻？而 1mm 厚的灰垢热阻相当于多少毫米的钢板的热阻？

4-2 一块厚 $\delta=50\text{mm}$ 的平板，其两侧表面温度分别稳定维持在 $t_1=300℃$，$t_2=100℃$。试求下列条件下通过单位面积的导热量：（1）材料为铜，$\lambda=374\text{W}/(\text{m}\cdot℃)$；（2）材料为钢，$\lambda=36.3\text{W}/(\text{m}\cdot℃)$；（3）材料为铬砖，$\lambda=2.32\text{W}/(\text{m}\cdot℃)$；（4）材料为硅藻土砖，$\lambda=0.242\text{W}/(\text{m}\cdot℃)$。

4-3 某平壁炉的炉壁是用内层为 120mm 厚的某耐火材料和外层为 230mm 厚的普通建筑材料砌成的。两种材料的热导率未知。已测得炉内壁温度为 800℃，外侧壁面温度为 113℃。现在普通建筑材料外面又包一层厚度为 50mm 的石棉以减少热损失，$\lambda=0.15\text{W}/(\text{m}\cdot℃)$。包扎后测得各层温度为：炉内壁温度为 800℃，耐火材料与建筑材料交界面的温度为 686℃，建筑材料与石棉交界面的温度为 405℃，石棉外侧温度为 77℃。问包扎石棉后热损失比原来减少百分之几？

4-4 某化工厂有一蒸汽管道，管内径和外径分别为 160mm 和 170mm，管外面包扎一层厚度为 60mm 的保温材料，$\lambda=0.07\text{W}/(\text{m}\cdot℃)$。保温层的内表面温度为 290℃，外表面温度为 50℃。试求每米长的蒸汽管热损失为多少？

4-5 外径为 100mm 的蒸汽管，包有一层 50mm 厚的绝缘材料 A，$\lambda_A=0.06\text{W}/(\text{m}\cdot℃)$，其外再包一层 25mm 的绝缘材料 B，$\lambda_B=0.075\text{W}/(\text{m}\cdot℃)$。若绝缘层 A 的内表面及绝缘层 B 的外表面的温度各为 170℃ 及 38℃。试求每米管长的热损失和 A、B 界面的温度。

4-6 一个尺寸为 $\phi60\text{mm}\times3\text{mm}$ 的钢管，外包一层 30mm 厚的软木和一层 30mm 厚的保温材料（85%MgO），管内壁的温度为 $-110℃$，最外层保温材料的外表面温度为 10℃。已知钢管 $\lambda=45\text{W}/(\text{m}\cdot℃)$，软木 $\lambda=0.043\text{W}/(\text{m}\cdot℃)$，85%MgO 的 $\lambda=0.07\text{W}/(\text{m}\cdot℃)$。试求：（1）每米管长散失的冷量；（2）若将二层绝热材料互相交换位置，设互换后管内壁温度和保温材料外表面温度不变，则每米管长散失的冷量又为多少？试问哪种材料放在内层较好？

4-7 水在 $\phi38\text{mm}\times1.5\text{mm}$ 的管内流动，流速为 1m/s，水进管时的温度为 20℃，出管时的温度为 80℃，试求管壁对水的对流传热系数。

4-8 载热体流量为 1590kg/h，试计算以下各过程中载热体放出或得到的热量。

（1）100℃的饱和水蒸气冷凝成 100℃水；

（2）比热容为 3.77kJ/(kg·℃) 的 NaOH 溶液从 17℃加热到 97℃；

（3）常压下 20℃的空气被加热到 150℃；

（4）绝对压强为 200kPa 的饱和水蒸气冷凝并冷却成 50℃的水。

4-9 在间壁式换热器中，用水将 2000kg/h 的正丁醇由 100℃冷却到 20℃。冷却水的初温为 15℃，终温为 30℃。如热损失可以忽略，试求该换热器的热负荷及冷却水用量。又如冷却水的用量为 9m³/h，则冷却水的终温将是多少？

4-10 用 300kPa（绝压）的饱和水蒸气在列管式换热器中将对二甲苯由 80℃加热到 100℃，冷流体走管内。已知对二甲苯的流量为 80m³/h，密度为 860kg/m³。若设备的热损失忽略不计，试求该换热器的热负荷及加热蒸汽用量。

4-11 炼油厂在一间壁式换热器内利用渣油废热以加热原油。若渣油初温为 300℃，终温为 200℃；原油初温为 25℃，终温为 175℃。试分别求两流体作并流流动及逆流流动时的平均温度差，并讨论计算结果。

4-12 某单壳程、二管程列管式换热器用水来冷却油品。油品进口温度为 100℃，出口温度为 40℃，冷水进口温度为 20℃，出口温度为 30℃。冷却水走管内，油走管外。求该换热器换热过程的平均温度差。

4-13 在列管式换热器中，用水将 80℃的某有机溶剂冷却到 35℃。冷却水进口温度为 30℃，出口温度为 35℃。试确定两种流体应作并流还是逆流流动，并计算其平均温差。

4-14 在间壁式换热器中，用冷水将 100℃的热水冷却到 60℃，热水流量为 3500kg/h。冷水在管内流动，温度从 20℃升至 30℃。已知总传热系数为 2320W/(m²·℃)。若忽略热损失，且近似地认为冷水与热水的比热容相等，均为 4.19kJ/(kg·℃)。试求：

（1）冷却水用量；

（2）两流体作并流时的平均温度差及所需的传热面积；

（3）两流体作逆流时的平均温度差及所需的传热面积；

（4）根据上面的计算比较并流和逆流换热。

4-15 某厂有一台列管式热交换器，管子规格为 $\phi25mm \times 2.5mm$，管子材料为碳钢，其热导率为 46W/(m·℃)。在换热器中用水加热某种原料气体，热水走管内，其对流传热系数是 930W/(m²·℃)。原料气走管外，其对流传热系数是 29W/(m²·℃)。管内壁结有一层水垢，已知 $R_{垢} = 0.0004 m^2·℃/W$。试近似按平壁计算传热系数 K。

4-16 某化工厂测定套管式苯冷却器的传热系数 K 值的大小，测定时记录数据如下：冷却器传热面积为 2m²，苯的流量为 2000kg/h，苯从 74℃冷却到 45℃。冷却水从 25℃升高到 40℃，两流体作逆流流动。不计热损失。试问所测得传热系数 K 值为多少？

4-17 在列管式换热器中，用冷却水冷却煤油。水在规格为 $\phi19mm \times 2mm$ 的钢管内流过。已知水的对流传热系数 α_1 为 3490W/(m²·℃)，煤油的对流传热系数 α_2 为 258W/(m²·℃)。换热器使用一段时间后，间壁两侧均有污垢生成。水侧污垢 $R_{垢1}$ 为 0.00026m²·℃/W，油侧污垢 $R_{垢2}$ 为 0.000176m²·℃/W。管壁的热导率 λ 为 46W/(m·℃)。试求：

(1) 按平壁计算的传热系数 K；

(2) 产生污垢后热阻增加的百分数。

4-18 某套管式换热器，CO_2 气体以 24kg/h 的流量在管内流动，其温度由 50℃降至 20℃。CO_2 的平均比热容为 $c_{p1}=0.836$kJ/(kg·℃)。冷却水以 110kg/h 在管外流动，其比热容为 $c_{p2}=4.18$kJ/(kg·℃)，水的进口温度为 10℃。已知，管内 CO_2 侧的对流传热系数 $\alpha_1=34.89$W/(m²·℃)，管外水侧的对流传热系数 $\alpha_2=1395.6$W/(m²·℃)。忽略热损失。试求：(1) 传热量 Q；(2) 冷却水出口温度；(3) 传热系数 K；(4) 若将 α_1 提高一倍，而 α_2 保持不变，传热系数为多少？(5) 若 α_2 提高一倍，而 α_1 保持不变，传热系数为多少？(6) 通过 (4)、(5) 两项计算，得出什么结论？(K 值近似按平壁计算，并忽略管壁热阻和污垢热阻)

4-19 有一传热面积为 1.36m² 的间壁式换热器。拟用它将流量为 350kg/h，常压下的乙醇饱和蒸气冷凝成饱和液体，常压下乙醇的沸点为 78.3℃，汽化热为 846kJ/kg。冷水的进、出口温度分别为 15℃及 35℃。已知传热系数 K 为 700W/(m²·℃)。试核算该换热器能否满足要求。

第五章

蒸　发

第一节　概述

一、基本概念

蒸发是将含有不挥发性溶质的溶液加热至沸腾，使其中部分溶剂汽化并不断除去，以提高溶液中溶质浓度的操作。例如，烧碱液的增浓、稀糖液的浓缩、淡水制备等。在蒸发过程中，溶液中溶剂的量不断减少，而溶质的量保持不变。用来进行蒸发的设备称为蒸发器。

蒸发的方式有**自然蒸发**和**沸腾蒸发**。自然蒸发是溶液中的溶剂在低于沸点下汽化，例如，海盐的晒制，溶剂的汽化仅发生在溶液的表面，蒸发速率缓慢。沸腾蒸发是使溶液中的溶剂在沸点时汽化，在汽化过程中，溶液呈沸腾状态，溶剂的汽化不仅发生在溶液表面，而且发生在溶液内部，几乎在溶液各个部分都同时发生汽化现象，因此，蒸发的速率远超过自然蒸发速率。工业上的蒸发大多是采用沸腾蒸发。本章只讨论沸腾蒸发。

为了保持溶液在沸腾情况下使溶剂不断汽化，就必须不断地向溶液供给热能，并随时排除汽化出来的溶剂蒸气。工业上采用的热源通常是水蒸气，而被蒸发的溶液大都是水溶液，即从溶液中汽化出来的也是水蒸气，为了易于区别，前者称为**加热蒸汽**或**生蒸汽**，后者称为**二次蒸汽**。蒸发产生的二次蒸汽必须及时排除，否则在沸腾液体上面的空间中二次蒸汽的压强将逐渐升高，会影响溶剂的蒸发速率，以致汽化不能继续进行。通常是采用冷凝的方法将二次蒸汽排除，就是将二次蒸汽引入到一个混合式冷凝器中，用水将其变为冷凝液而排除。

二、蒸发在工业生产中的应用

蒸发操作广泛用于化工、轻工、食品、医药等工业中，其主要目的有以下几个方面。

(1) 浓缩稀溶液，制取产品或半成品　例如食盐电解氢氧化钠水溶液的浓缩、果汁的浓缩等。当需要从稀溶液获得固体溶质时，常常先通过蒸发操作使溶液浓缩，然后利用结晶、干燥等操作得到固体产品。

(2) 制取纯净的溶剂作为产品　例如海水的淡化，就是利用蒸发的方法将海水中的不挥发性的杂质分离出去，制成淡水。

(3) 同时制取浓缩液和回收溶剂　例如中药生产中酒精浸出液的蒸发。

三、蒸发操作的特点

常见的蒸发过程实质上是在间壁两侧分别有蒸汽冷凝和液体沸腾的传热过程，但和一般传热过程相比，蒸发过程尚有以下特点。

(1) 蒸发的物料是溶有不挥发性溶质的溶液。在相同压强下，溶液的沸点高于纯溶剂的沸点。所以，当加热蒸汽温度一定时，蒸发溶液时的传热温度差要比蒸发纯溶剂时为小，且溶液的浓度越大，这种影响越显著。在进行蒸发设备的操作和计算时，必须考虑溶液沸点上升的这种影响。

(2) 被蒸发的溶液本身，常具有某些特性，例如，有些物料在浓缩时可能结垢或析出结晶，或产生泡沫；有些物料是热敏性的，在高温下易变性或分解；有些物料具有较大的黏度或较强的腐蚀性等。因此，在选择蒸发的方法和设备时，必须考虑这些物料的工艺特性。

(3) 蒸发时需消耗大量的加热蒸汽，而溶剂汽化又产生大量的二次蒸汽。如何充分利用二次蒸汽的潜热，提高加热蒸汽的经济程度，是蒸发中要考虑的经济性问题。

四、蒸发操作的分类

工业上蒸发方法很多，可分为以下几种。

1. 按操作压强分

(1) **常压蒸发**　蒸发在常压下进行，可用敞口设备，二次蒸汽直接排到大气中。

(2) **减压蒸发**　也叫真空蒸发，操作压强低于外界大气压，在密闭的设备内进行。二次蒸汽在冷凝器中冷凝，并用真空泵抽取其中的不凝性气体，以造成设备的真空。减压蒸发的优点是：①降低了溶液的沸点，在加热蒸汽温度一定时，蒸发器的传热温度差增大，可减少蒸发器的传热面积；②由于溶液沸点降低，可以利用低压蒸汽或废热蒸汽作为加热蒸汽，以充分利用能源；③溶液沸点低，可防止热敏性物料变性或分解，适用于一些热敏性物料的蒸发；④由于操作温度低，可减少设备的热损失。减压蒸发也存在一些缺点：由于温度降低，溶液的黏度增大，使蒸发器的传热系数减小，同时，减压蒸发时，造成真空需要增加设备和动力。

（3）**加压蒸发** 操作压强高于外界大气压，在密闭的设备内进行。在加压下进行操作，提高了二次蒸汽的温度，就有可能利用二次蒸汽作为其他设备（如预热器）的加热剂，以提高热能的利用率。同时，溶液的沸点升高，使溶液的流动性能增强，有利于提高传热效果。

2. 按二次蒸汽的利用情况分

（1）**单效蒸发** 溶液在蒸发器内蒸发时，所产生的二次蒸汽不再利用或被利用于蒸发器以外的操作，称为单放蒸发。

（2）**多效蒸发** 将二次蒸汽引至另一压强较低的蒸发器的加热室，作为加热蒸汽来使用，以提高加热蒸汽的利用率，这种将多个蒸发器串联，使二次蒸汽在蒸发过程中，得到再利用的蒸发操作称为多效蒸发。

3. 按操作方式分

（1）**间歇蒸发** 它又可分为一次进料、一次出料和连续进料、一次出料两种形式。间歇蒸发的特点是蒸发过程中，溶液的浓度和沸点随时间改变，所以是不稳定操作，适合于小规模、多品种的场合。

（2）**连续蒸发** 连续蒸发是连续进料，完成液连续排出，蒸发为稳定操作，适合于大规模的生产过程。

第二节　单效蒸发

一、单效蒸发流程

图 5-1 为单效真空蒸发的基本流程。其中蒸发器为主体设备，由加热室和蒸发室构成。蒸发时原料液预热后加入蒸发器。蒸发器下部是由许多加热管组成的加热室，加热蒸汽在加热室的管间冷凝，放出热量通过管壁传给管内的溶液，使溶液受热沸腾汽化；经浓缩后的溶液（完成液）由蒸发器底部排出，加热蒸汽的冷凝液由疏水器排出。蒸发器的上部为蒸发室，汽化产生的蒸汽在蒸发室及其顶部的除沫器中，将其挟带的液沫予以分离，然后送往冷凝器被冷凝而除去。

二、单效蒸发的计算

单效蒸发是在一个蒸发器内进行蒸发操作，对于单效蒸发，在给定生产任务

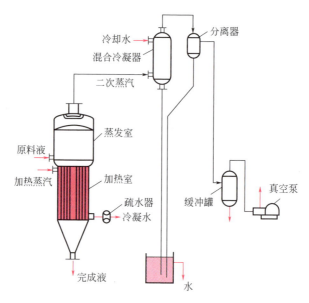

图 5-1 单效真空蒸发的基本流程

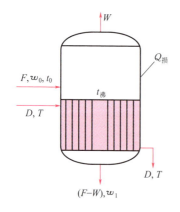

图 5-2 单效蒸发的
物料衡算和热量衡算

和确定了操作条件后，则可应用物料衡算、热量衡算和传热基本方程式，计算蒸发操作中水分蒸发量、加热蒸汽消耗量和蒸发器的传热面积。

1. 水分蒸发量的计算

在蒸发操作中，单位时间内从溶液蒸发出来的水分量，即蒸发量，可通过物料衡算确定。现对图 5-2 所示的单效蒸发器作溶质的物料衡算，在稳定连续操作中，单位时间进入和离开蒸发器的溶质数量应相等，即

$$Fw_0 = (F-W)w_1$$

由此可求得水分蒸发量为

$$W = F\left(1 - \frac{w_0}{w_1}\right) \tag{5-1}$$

完成液的浓度

$$w_1 = \frac{Fw_0}{F-W} \tag{5-2}$$

完成液量

$$F - W = \frac{Fw_0}{w_1} \tag{5-3}$$

式中　F——溶液的进料量，kg/h；

　　　W——水分蒸发量，kg/h；

　　　w_0——原料液中溶质的浓度，质量分数；

　　　w_1——完成液中溶质的浓度，质量分数。

2. 加热蒸汽消耗量的计算

在蒸发操作中，单位时间内加热蒸汽消耗量，可通过热量衡算来确定。现对图 5-2 所示的单效蒸发器作热量衡算。当加热蒸汽为饱和蒸汽，冷凝液在饱和温度下排出时，单位时间内加热蒸汽放出的热量为

$$Q = Dr \tag{5-4}$$

加热蒸汽放出的热量主要用于以下三个方面。

（1）将原料液由进料温度 t_0 升温到沸点 $t_沸$，所需的热量为 Q_1

$$Q_1 = Fc(t_沸 - t_0) \tag{5-5}$$

（2）使水在 $t_沸$ 温度下汽化成二次蒸汽，所需的热量为 Q_2

$$Q_2 = Wr' \tag{5-6}$$

（3）补偿蒸发器的热损失 $Q_损$。

根据热量衡算原则，有

$$Q = Q_1 + Q_2 + Q_损$$

即

$$Dr = Fc(t_沸 - t_0) + Wr' + Q_损$$

所以

$$D = \frac{Fc(t_沸 - t_0) + Wr' + Q_损}{r} \tag{5-7}$$

式中　D——加热蒸汽消耗量，kg/h；

　　　c——原料液的比热容，kJ/(kg·℃)；

　　　$t_沸$——原料液蒸发时的沸点，℃；

　　　t_0——原料液的进料温度，℃；

　　　r——加热蒸汽的汽化潜热，kJ/kg；

　　　r'——二次蒸汽的汽化潜热，kJ/kg；

　　　$Q_损$——蒸发器的热损失，kJ/h。

若原料液在沸点下进入蒸发器，并同时忽略热损失，由式(5-7)可得单位蒸汽消耗量为

$$D = \frac{Wr'}{r} \quad 或 \quad \frac{D}{W} = \frac{r'}{r} \tag{5-8}$$

式中，D/W 称为单位蒸汽消耗量，即蒸发 1kg 水时的蒸汽消耗量，常用以表示蒸汽的经济程度。由于蒸汽的潜热随温度的变化不大，即 $r' \approx r$ 则 $D \approx W$，

即蒸发1kg的水需要1kg的加热蒸汽。但实际上，由于热损失等因素，D/W 的数值约为1.1或更大。

例 5-1 在连续操作的单效蒸发器中，将2000kg/h的某无机盐水溶液由0.10（质量分数）浓缩至0.30（质量分数）。操作条件下，溶液的沸点为80℃。加热蒸汽的压强为200kPa（绝压）。已知原料液的比热容为3.77kJ/(kg·℃)，蒸发器的热损失为12000W。试求：(1) 水分蒸发量；(2) 原料液分别在30℃、80℃和120℃进料时的加热蒸汽消耗量。

解 (1) 水分蒸发量　由式(5-1) 知

$$W = F\left(1 - \frac{w_0}{w_1}\right) = 2000 \times \left(1 - \frac{0.1}{0.3}\right) = 1333 \text{kg/h}$$

(2) 加热蒸汽消耗量　加热蒸汽消耗量用式(5-7) 计算。

由本书附录查得压强为200kPa和温度为80℃时饱和水蒸气的汽化潜热分别为2205kJ/kg 和 2308kJ/kg。

① 原料液温度为30℃时，加热蒸汽消耗量为

$$D = \frac{2000 \times 3.77 \times (80-30) + 1333 \times 2308 + 12000 \times 3600/1000}{2205}$$

$$= 1586 \text{kg/h}$$

单位蒸汽消耗量为

$$\frac{D}{W} = \frac{1586}{1333} = 1.19$$

② 原料液温度为80℃时，加热蒸汽消耗量为

$$D = \frac{1333 \times 2308 + 12000 \times 3600/1000}{2205}$$

$$= 1415 \text{kg/h}$$

单位蒸汽消耗量为

$$\frac{D}{W} = \frac{1415}{1333} = 1.06$$

③ 原料液温度为120℃时，加热蒸汽消耗量为

$$D = \frac{2000 \times 3.77 \times (80-120) + 1333 \times 2308 + 12000 \times 3600/1000}{2205}$$

$$= 1278 \text{kg/h}$$

单位蒸汽消耗量为

$$\frac{D}{W} = \frac{1278}{1333} = 0.96$$

由以上计算结果得知，原料液进料温度越高，蒸发 1kg 水所消耗的加热蒸汽量越少。

3. 蒸发器传热面积的计算

蒸发器的传热面积可依传热基本方程式求得，即

$$A = \frac{Q}{K \Delta t_m} \tag{5-9}$$

式中 A——蒸发器的传热面积，m^2；

K——蒸发器的传热系数，$W/(m^2 \cdot ℃)$；

Δt_m——传热的平均温度差，℃；

Q——蒸发器的热负荷，W。

式中的热负荷依热量衡算求取，若加热蒸汽的冷凝水在饱和温度下排出，且忽略热损失，则蒸发器的热负荷为 $Q = Dr$。由于蒸发过程为蒸汽冷凝和溶液沸腾之间的恒温传热，$\Delta t_m = T - t_{沸}$，故有：

$$A = \frac{Dr}{K(T - t_{沸})} \tag{5-10}$$

在蒸发器计算中，传热系数 K 值大多根据实测数据或经验值来选定。表 5-1 列出了几种常用蒸发器总传热系数 K 值的大致范围，可供参考。

表 5-1　蒸发器的总传热系数 K 值

蒸发器的类型	总传热系数 $K/[W/(m^2 \cdot ℃)]$	蒸发器的类型	总传热系数 $K/[W/(m^2 \cdot ℃)]$
标准式(自然循环)	600～3000	外加热式(强制循环)	1200～7000
标准式(强制循环)	1200～6000	升膜式	1200～7000
悬筐式	600～3500	降膜式	1200～3500
外加热式(自然循环)	1400～3500		

第三节　多效蒸发

蒸发的操作费用主要是汽化溶剂（如水）所需消耗的蒸汽动力费。在单效蒸发中，从溶液中蒸发出 1kg 水，通常都需要不少于 1kg 的加热蒸汽。在大型工业生产过程中，当蒸发大量水分时，就要消耗大量的加热蒸汽。为了减少加热蒸汽消耗量，可采用多效蒸发，其原理是利用减压的方法使后一个蒸发器的操作压强和溶液的沸点均较前一个蒸发器的为低，以使前一个蒸发器引出的二次蒸汽作为后一个蒸发器的加热蒸汽，后一个蒸发器的加热室成为前一个蒸发器的冷凝

器。每一个蒸发器称为一效。通入加热蒸汽（生蒸汽）的蒸发器称为**第一效**，用第一效的二次蒸汽作为加热蒸汽的蒸发器称为**第二效**，用第二效的二次蒸汽作为加热蒸汽的蒸发器称为**第三效**，依此类推。

M5-1 四效降膜蒸发流程

由于除末效以外的各效的二次蒸汽都作为下一效的加热蒸汽，所以提高了加热蒸汽的利用率。假若单效蒸发或多效蒸发装置中所蒸发的水分量相同，则后者需要加热蒸汽量远小于前者。例如，根据经验将最小的单位蒸汽消耗量 $(D/W)_{最小}$ 的大致数值列于表 5-2 中。

表 5-2 最小单位蒸汽消耗量（大致数值）

效数	单效	双效	三效	四效	五效
$(D/W)_{最小}$	1.1	0.57	0.4	0.3	0.27

由表 5-2 可知，效数越多，单位蒸汽消耗量越少，操作费用越低，所以在蒸发大量水分时，广泛采用多效蒸发。

一、多效蒸发流程

按原料液加入的方式不同，常见的多效蒸发流程有以下几种。

1. 并流法

并流加料法是工业中常用的加料法。如图 5-3 所示，溶液流向与蒸汽相同，即由第一效顺序流至末效。加热蒸汽通入第一效加热室，蒸发出的二次蒸汽进入第二效的加热室作为加热蒸汽，第二效的二次蒸汽又进入第三效的加热室作为加热蒸汽，第三效（末效）的二次蒸汽则送到冷凝器被全部冷凝。原料液进入第一效，浓缩后由底部排出，依顺序流入第二效和第三效连续地进行浓缩，完成液由末效的底部排出。

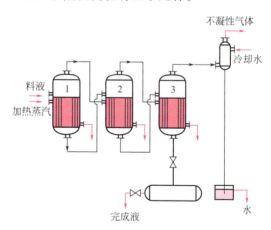

图 5-3 并流加料三效蒸发流程

并流加料的优点为：①由于后一效蒸发室的压强较前一效为低，故溶液在效间的输送不需用泵，就能自动从前效进入后效。②由于后一效溶液的沸点较前一效为低，故前一效的溶液进入后一效时，会因过热而自行蒸发，因而可产生较多的二次蒸汽。③由末效引出完成液，因其沸点最低，故带走的热量最少，减少了热量损失。并流加料的缺点是由于后一效溶液的浓度较前一效为大,且温度又较低,所以料液黏度沿流动方向逐效增大,致使后效的传热系数降低。故对黏度随浓度的增加而迅速增大的溶液,不宜采用并流法进行多效蒸发。

2. 逆流法

如图 5-4 所示,原料液由末效加入,用泵送入前一效,完成液由第一效底部排出,而加热蒸汽仍是加入第一效加热室,与并流法蒸汽流向相同。其优点在于随着溶液浓度的增大,温度也随着升高,因而各效溶液的黏度较为接近,使各效的传热系数也大致相同。其缺点是效间溶液需用泵输送,增加设备和能量消耗;又除末效外各效进料温度都低于沸点,故无自蒸发现象,与并流法相比较,所产生的二次蒸汽量较少。一般来说此法宜用于处理黏度随温度和浓度变化较大的溶液,而不适宜于处理热敏性物料。

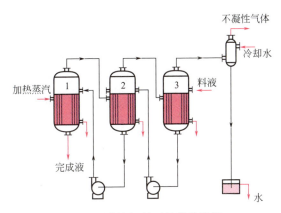

图 5-4 逆流加料三效蒸发流程

3. 平流法

此法是按各效分别加料并分别出料的方式进行操作。而加热蒸汽仍是加入第一效的加热室,其流向与并流相同,如图 5-5 所示。此法适用于在蒸发过程中同时有结晶析出的场合,因其可避免结晶体在效间输送时堵塞管道,或用于对稀溶液稍加浓缩的场合。此法缺点是每效皆处于最大浓度下进行蒸发,所以溶液黏度大,使传热系数较小。

二、多效蒸发中效数的限制

多效蒸发可以提高加热蒸汽的利用率,所以多效蒸发的操作费用是随着效数的增加而减少。但从表 5-2 可知,虽然 $(D/W)_{最小}$ 是随着效数的增加而不断减小,但所节省的加热蒸汽量亦随之减小,例如由单效改为双效,可节省加热蒸汽量约为 50%,而从四效增为五效,可节省加热蒸汽量就已降为 10%。另一方面,

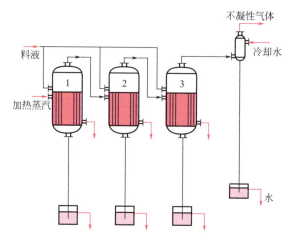

图 5-5 平流加料三效蒸发流程

增加效数就需要增加设备费用，而当增加一效的设备费用不能与所节省的加热蒸汽的收益相抵时，就没有必要再增加效数，所以多效蒸发的效数是有一定限度的，必须对设备费和操作费进行权衡以决定最适宜的效数。

通常，工业上使用的多效蒸发装置，其效数并不是很多的。一般对于电解质溶液，如 NaOH 等水溶液的蒸发，由于其沸点升高较大，故采用 2～3 效；对于非电解质溶液，如糖水溶液或其他有机溶液的蒸发，由于其沸点升高较小所用效数可取 4～6 效。

第四节　蒸发设备

由上述可知，蒸发实属于传热过程，因此蒸发器也是一种换热器。但蒸发时需要不断地除去汽化所产生的二次蒸汽，所以，蒸发设备除了用来进行加热及汽、液分离的蒸发器这一主体设备外，还有使二次蒸汽中液沫得以进一步分离的除沫装置和使二次蒸汽全部冷凝的冷凝器。真空蒸发时还需抽真空装置。

一、蒸发器

蒸发器有多种形式，但它们均由加热室和分离室两部分组成。下面仅简要说明工业上常用的几种蒸发器的结构及特点。

1. 循环型蒸发器

这种类型的蒸发器，溶液都在蒸发器中作循环流动。由于引起循环的原因不同，又分为**自然循环**和**强制循环**两类。

(1) 中央循环管式蒸发器 这种蒸发器的结构如图 5-6 所示。其加热室由直立的加热管（沸腾管）束所组成。在管束中间有一根直径较大的管子，称为中央循环管。当加热蒸汽通入加热室的管间进行加热时，由于中央循环管的截面积较大，使其单位体积溶液所占有的传热面积比其加热管内溶液所占有的传热面积要小。因此在中央循环管和其他加热管内溶液的受热程度不同，后者受热程度较好，溶液汽化较多。于是在加热管内形成的气液混合物的密度就比中央循环管内溶液的密度小，从而使蒸发器中的溶液形成由中央循环管下降，而由其他加热管上升的循环流动。因为这种循环的原因，主要是由于溶液的受热程度不同而引起的密度差异所引起，故称为自然循环。

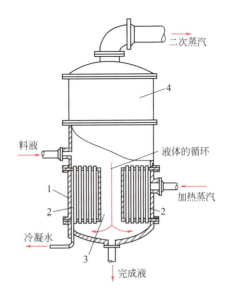

图 5-6 中央循环管式蒸发器
1—外壳；2—加热室；3—中央循环管；4—蒸发室

为了使溶液在蒸发器内有良好的循环，则使中央循环管的截面积，一般为其他加热管总截面积的 40%~100%，加热管的直径为 25~75mm，加热管的高度为 0.6~2m，管长与管径比为 20~40。这种蒸发器的优点是：构造简单，传热效果好，操作可靠。应用十分广泛，有所谓"标准式蒸发器"之称。但由于循环速度较低，一般在 0.5m/s 以下，且因溶液在加热室中不断循环，操作中蒸发器内溶液总是处于接近于完成液浓度，因而溶液的沸点高、黏度大影响了传热效果。此外，蒸发器的加热室不易清洗。中央循环管式蒸发器适用于蒸发结垢不严重，有少量结晶析出和腐蚀性较小的溶液。

(2) 外热式蒸发器 这种蒸发器如图 5-7 所示。其加热室安装在蒸发器外面，因此不仅可以便于加热室的清洗和更换，而且可以降低蒸发器的高度，有的甚至设两个加热室轮换使用。它的加热管束较长（管长与管径之比为 50~100），而循环管内的溶液又没有受到蒸汽的加热，因此溶液的循环速度较大，可达 1.5m/s。

(3) 强制循环蒸发器 上述两种蒸发器都属于自然循环蒸发器，溶液的循环速度都较低。图 5-8 所示为强制循环蒸发器，溶液的循环是借外力的作用，在循环通道中装置一台循环泵，迫使溶液沿一定方向流动而产生循环，循环速度一般为 2~5m/s。强制循环蒸发器的传热系数较自然循环蒸发器的为大，但是其动力

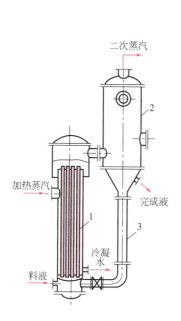
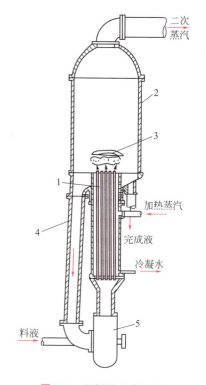

图 5-7 外热式蒸发器
1—加热室；2—蒸发室；
3—循环管

图 5-8 强制循环蒸发器
1—加热管；2—蒸发室；3—除沫器；4—循环管；5—循环泵

消耗较大，它适用于高黏度和易生泡沫溶液的蒸发。

2. 单程型蒸发器

这一类型蒸发器的主要特点是溶液通过加热室一次，不作循环流动即达到所需要的浓度而排出，而停留时间仅数秒钟，且溶液沿加热管呈膜状流动，故习惯上又称为**液膜式蒸发器**。根据物料在蒸发器中流向的不同，单程型蒸发器又分为以下几种。

（1）升膜式蒸发器　如图 5-9 所示。其加热室由许多根垂直长管所组成，管长 3～15m，常用的加热管直径为 25～50mm，管长和管径之比约为 100～150。料液经预热后由蒸发器底部引入，进入加热管内，蒸汽在管外冷凝。溶液在管内受热沸腾后迅速汽化，生成的二次蒸汽在管内高速上升。溶液则被上升蒸汽所带动，沿管壁成膜状上升，并在此过程中继续蒸发，气液混合物在分离室 2 内分离，完成液由分离室底部排出，二次蒸汽则在顶部导出。为了能在加热管内有效地成膜，管内上升的蒸汽应具有一定速度。例如，常压下操作时其适宜的出口气

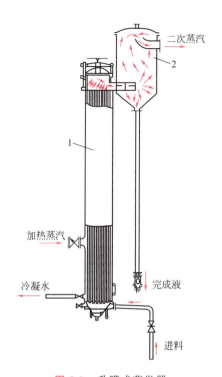
图 5-9 升膜式蒸发器
1—蒸发器;2—分离室

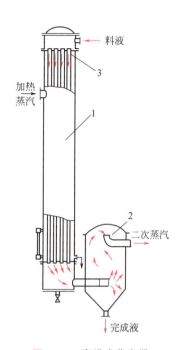
图 5-10 降膜式蒸发器
1—蒸发器;2—分离室;3—液体分布器

速一般为 20～50m/s,减压下操作时气速可达 100～160m/s 或更高。它适用于处理蒸发量较大的稀溶液,热敏性及易生泡沫的溶液,不适用于高黏度、有晶体析出或易结垢溶液的蒸发。

(2) 降膜式蒸发器　如图 5-10 所示。它与升膜式蒸发器的区别是料液从蒸发器的加热室顶部加入,在重力作用下沿管壁呈膜状下降,并在此过程中不断被蒸发而增浓,气液混合物流至底部进入分离室,完成液由分离室底部排出。为了使液体在进入加热管后能有效地成膜,在每根管的顶部装有液体分布器,其形式很多,图 5-11 列出几种常见的液体分布器。图 5-11(a) 的导流管为一有螺旋形沟槽的圆柱体;图 5-11(b) 的导流管下部是圆锥体,此锥体底面向内凹,以免沿锥体斜面流下的溶液再向中央聚集;图 5-11(c) 所示为液体通过齿缝沿加热管内壁成膜状下降;图 5-11(d) 所示溶液经过旋液分配头而分配在管内壁上。

降膜式蒸发器可以蒸发浓度、黏度较大的溶液(例如黏度在 0.05～0.45 Pa·s 范围内),但也不适用于结晶析出或易结垢的溶液。

(3) 刮板式搅拌薄膜蒸发器　这是一种利用外加动力成膜的单程型蒸发器,其结构如图 5-12 所示。蒸发器外壳的中下部装有加热蒸汽夹套,壳体内

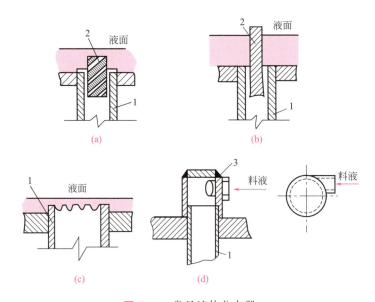

图 5-11 常见液体分布器

1—加热管；2—导流管；3—旋液分配头

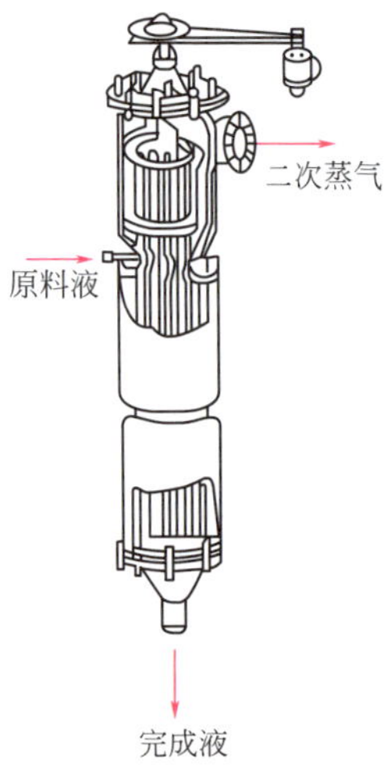

有电动机驱动的立式旋转轴，轴上有 3~8 片固定的刮板，刮板外缘与壳体内壁的间隙为 0.75~1.5mm。原料液由蒸发器上部沿切线方向进入器内，被刮板带动旋转，在壳体内壁上形成旋转下降的液膜而被蒸发浓缩，完成液由底部排出，二次蒸汽上升至顶部经分离器后进入冷凝器。

这种蒸发器适用于处理易结晶、易结垢、高黏度的溶液。在某些情况下可将溶液蒸干而由底部直接获得固体产物。其缺点是结构复杂，动力消耗较大，刮板转速在 100~600r/min 的范围内，这类蒸发器的传热面不大，一般为 $3~4m^2/台$，最大不超过 $20m^2$，故其处理量较小。

图 5-12 刮板式搅拌薄膜蒸发器

由以上介绍可知，蒸发器的结构形式很多，选择蒸发器的形式时，在满足生产任务要求、保证产品质量的前提下，尚需兼顾所用蒸发器结构简单、易于制造、操作和维修方便，传热效果好等。另外，还要对被蒸发物料的工艺特性有良好的适应性，包括物料的黏性、热敏性、腐蚀性以及是否结晶或结垢等因素，全面综合地加以考虑。

二、蒸发器的辅助装置

1. 除沫器

在蒸发操作时,所产生的二次蒸汽中挟带的大量液体,虽然在蒸发室中进行了气液分离,但是为了进一步除去液沫以防止损失有用的溶质或污染冷凝液体,还需在蒸发器的二次蒸汽出口附近装设除沫器。除沫器的形式很多,常见的如图 5-13 所示。图 5-13(a)~图 5-13(c) 直接安装在蒸发器内顶部;图 5-13(d) 为旋风式分离器则安装在蒸发器的外面。它们主要是利用液沫的惯性以达到气液的分离。

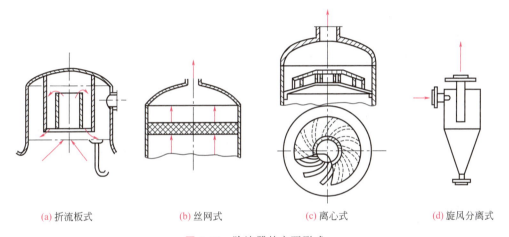

(a)折流板式　　(b)丝网式　　(c)离心式　　(d)旋风分离式

图 5-13　除沫器的主要形式

2. 冷凝器和真空装置

在蒸发操作中,当二次蒸汽是有价值的产品,需要加以回收,或者它会严重污染冷却水时,则应采用间壁式冷凝器;否则可采用气液直接接触的混合式冷凝器。常用的干式逆流高位冷凝器见第四章图 4-2 所示。

当蒸发器采用减压操作时,无论用哪一种冷凝器,均需要在冷凝器后安装真空装置,排除不凝性气体,以维持蒸发操作所要求的真空度。常用的真空度装置有喷射泵、水环式真空泵及往复式真空泵等。

三、提高蒸发器生产强度的途径

1. 蒸发器的生产强度

蒸发器的生产强度简称**蒸发强度**,是指单位传热面积上每单位时间内所蒸发的水分量,用 U 表示,其单位为 $kg/(m^2 \cdot h)$,即

$$U=\frac{W}{A} \tag{5-11}$$

蒸发强度是评价蒸发器优劣的重要指标。对于给定的蒸发量来说,蒸发强度越大,所需的传热面积越小,因而蒸发设备的投资费用越小。

若溶液在沸点下进料,并忽略蒸发器的热损失,将式(5-8)和式(5-10)代入式(5-11)可得

$$U=\frac{K\Delta t_m}{r'} \tag{5-12}$$

2. 提高蒸发器生产强度的途径

由式(5-12)可知,提高蒸发器生产强度的途径是提高传热温度差 Δt_m 和总传热系数 K。

(1) 提高传热温度差　蒸发器的传热温度差主要决定于加热蒸汽和冷凝器的压强。加热蒸汽压强越高,其饱和温度也越高,但加热蒸汽的压强常受现场具体的供热条件限制,一般为 300～500kPa,高的可达 600～800kPa。若提高冷凝器的真空度,使溶液沸点温度降低,也可以加大温度差,但这样不仅增加真空泵的功率消耗,而且溶液的沸点降低,使其黏度增大,导致沸腾对流传热系数下降,因此一般冷凝器中的压强不低于 10～20kPa。另外,对于循环型蒸发器,为了控制沸腾操作局限于泡核沸腾区,也不宜采用过高的传热温度差。由以上分析可知,传热温度差的提高是有一定限度的。

(2) 提高总传热系数　总传热系数 K 值取决于对流传热系数和污垢热阻。蒸汽冷凝一侧的对流传热系数一般较大,故其热阻较小,但操作中须注意及时排放蒸汽中的不凝性气体,否则其热阻将大幅度增加,使总传热系数 K 值下降。

管内溶液一侧的沸腾对流传热系数是影响总传热系数 K 的主要因素。这种管内沸腾(又称流动沸腾)较传热一章所述的大容器沸腾更为复杂,且与多种因素有关,如被蒸发溶液的循环情况、加热蒸汽与沸腾液体间的温度差、溶液的黏度、液面高度及加热表面的清洁程度等,但主要是增加溶液的循环速度,以提高对流传热系数。

管内溶液侧的污垢热阻,往往也是影响传热系数的重要因素,尤其是处理易结垢和有结晶析出的溶液时,在传热面上很快形成垢层,使传热系数 K 值下降。为了减小垢层热阻,蒸发器必须定期清洗加热管;加入微量阻垢剂以延缓形成垢层;在处理有结晶析出的物料时可加入少量晶种,使结晶尽可能地在溶液主体中,而不是在加热面上析出,从而提高蒸发器的生产强度。

思考题

5-1 何谓蒸发操作？要使蒸发操作能连续进行，必须具备哪两个条件？

5-2 蒸发操作在工业生产中主要有哪些应用？

5-3 单效蒸发和多效蒸发有何区别？采用多效蒸发的意义是什么？

5-4 减压蒸发有哪些优点？

5-5 不同温度进料时对加热蒸汽消耗量有何影响？

5-6 多效蒸发有哪几种流程？它们各适用于什么场合？

5-7 蒸发器由哪几个基本部分组成？它们的作用是什么？

5-8 简述所讲蒸发器的主要构造、特点及适用场合。

5-9 如何提高蒸发器的生产强度？

5-10 蒸发装置中有哪些辅助设备？各有何作用？

5-1 在葡萄糖水溶液浓缩过程中，每小时的加料量为3000kg，浓度由15％（质量分数）浓缩到70％（质量分数）。试求每小时蒸发水量和完成液量。

5-2 在单效蒸发器中每小时处理2t NaOH水溶液，溶液浓度由15％（质量分数）浓缩到25％（质量分数）。加热蒸汽压强为400kPa（绝压），冷凝后在饱和温度下排出。原料液的比热容为3.56kJ/(kg·℃)，溶液的沸点为110℃，假设蒸发器的热损失忽略不计。分别按20℃加料和沸点加料，求此两种情况下的加热蒸汽消耗量和单位蒸汽消耗量。

5-3 在单效蒸发器中，将15％的$CaCl_2$水溶液连续浓缩到25％（均为质量分数）。原料液流量为4000kg/h，进料温度为75℃，原料液的比热容为3.56kJ/(kg·℃)，操作条件下，溶液的沸点为85℃。加热蒸汽绝对压强为400kPa。若蒸发器的传热系数为2000W/(m²·℃)，热损失为加热蒸汽放热量的3％，试求：(1) 水分蒸发量；(2) 加热蒸汽消耗量；(3) 蒸发器的传热面积。

习题参考答案

绪论 习题答案

0-1　68.6N/m^2
　　68.6Pa

0-2　$49\text{N}\cdot\text{m/s}$
　　49J/s
　　$4.9\times10^{-2}\text{kW}$

0-3　1.16W

0-4　240L/min
　　$4\times10^{-3}\text{m}^3/\text{s}$
　　$14.4\text{m}^3/\text{h}$

第一章 习题答案

1-1　$\rho=810\text{kg/m}^3$
　　$v=1.23\times10^{-3}\text{m}^3/\text{kg}$

1-2　$\rho_m=872\text{kg/m}^3$

1-3　$\rho=58.8\text{kg/m}^3$
　　$v=1.7\times10^{-2}\text{m}^3/\text{kg}$

1-4　$\rho=12.8\text{kg/m}^3$

1-5　$p=86.6\text{kN/m}^2$
　　$p=-13.3\text{kN/m}^2$（表压）

1-6　$\Delta p=3.38\text{at}=33.8\text{mH}_2\text{O}$

1-7　$p_{底}=698\text{kPa}$
　　$p_{顶}=404\text{kPa}$

1-8　$p=160\text{kPa}$

1-9　$\Delta p=4.90\text{kPa}$

1-10　可选密度为 1630kg/m^3 的液体

1-11　$p=10.6\text{kPa}$（表压）

1-12　（1）$p=33.3\text{kPa}$
　　　（2）$H=6.8\text{m}$

1-13　$q_v=56.5\text{m}^3/\text{h}$
　　　$q_m=15.7\text{kg/s}$

1-14　$G=27\text{kg}/(\text{m}^2\cdot\text{s})$
　　　$u_入=16\text{m/s}$

1-15　选用 $DN25\text{mm}$ 的有缝钢管

1-16　（1）$q_{m大}=q_{m小}=4.58\text{kg/s}$
　　　（2）$u_大=0.687\text{m/s}$
　　　　　$u_小=1.27\text{m/s}$
　　　（3）$G_大=1257\text{kg}/(\text{m}^2\cdot\text{s})$
　　　　　$G_小=2324\text{kg}/(\text{m}^2\cdot\text{s})$

1-17　$q_v=354\text{m}^3/\text{h}$

1-18　$H=64.1\text{mH}_2\text{O}$

1-19　U 形管与细管相连的一侧内指示液液面较高。两侧的指示液液面相差 112mm

1-20　$p=97.6\text{kPa}$（表压）

1-21　$N_e=9.15\text{kW}$

1-22　$Re=1.91\times10^4$ 湍流

1-23　$Re=1.12\times10^4$ 湍流

1-24　$H_f=33.68\text{mH}_2\text{O}$
　　　$\Delta p_f=3.30\times10^2\text{kPa}$

1-25　16 倍

1-26　19.0J/kg

1-27　1.33kW

第二章　习题答案

2-1　$Q=26\text{m}^3/\text{h}$

　　$H=18.4\text{m}$

　　$N=2.45\text{kW}$

　　$\eta=53.2\%$

2-2　(1) $H=22\text{m}$ 碱液柱

　　(2) $\eta=60\%$

　　(3) 47.7kPa（真空度）

2-3　安装位置不合适，可将泵的安装位置向下移 2.07m

2-4　选用 IS 80-50-250 型离心式水泵

　　$H_{\text{g,max}}=3.43\text{m}$

2-5　选用 IS 80-50-250 型离心式水泵

2-6　选用 Ⅳ 合适

2-7　该风机不适用

2-8　选用 9-27-001No.8 型离心式通风机

第三章　习题答案

3-1　$u_{\text{t,水}}=4.4\times10^{-3}\text{m/s}$

　　$u_{\text{t,空气}}=0.40\text{m/s}$

3-2　(1) $u_\text{t}=2\times10^{-2}\text{m/s}$

　　(2) $u_\text{t}=17\text{m/s}$

3-3　$d_{\text{p,最大}}=57.3\mu\text{m}$

　　$d_{\text{p,最小}}=1512\mu\text{m}$

3-4　(1) $u=1\text{m/s}$

　　(2) $q_v=37800\text{m}^3/\text{h}$

3-5　$m_\text{干}=4.2\times10^3\text{kg}$

3-6　$\alpha=858$

第四章　习题答案

4-1　40mm

　　400mm

4-2　(1) $(Q/A)_\text{铜}=1.5\times10^6\text{W/m}^2$

　　(2) $(Q/A)_\text{钢}=1.45\times10^5\text{W/m}^2$

　　(3) $(Q/A)_\text{铬砖}=9.28\times10^3\text{W/m}^2$

　　(4) $(Q/A)_\text{硅藻土砖}=9.68\times10^2\text{W/m}^2$

4-3　42.5%

4-4　$Q/L=197.6\text{W/m}$

4-5　$Q/L=57.1\text{W/m}$

　　$t_2=65℃$

4-6　(1) $(Q/L)_1=-31.1\text{W/m}$

　　(2) $(Q/L)_2=-34.8\text{W/m}$

　　热导率小的绝热材料包在内层较好

4-7　$\alpha=4.88\times10^3\text{W/(m}^2\cdot℃)$

4-8　(1) $3.59\times10^6\text{kJ/h}$

　　(2) $4.80\times10^5\text{kJ/h}$

　　(3) $2.09\times10^5\text{kJ/h}$

　　(4) $3.98\times10^6\text{kJ/h}$

4-9　$Q'=127\text{kW}$

　　$q_{m,冷}=7.3\times10^3\text{kg/h}$

　　$t_2=27.2℃$

4-10　$Q'=719\text{kW}$

　　$q_{m,汽}=1.19\times10^3\text{kg/h}$

4-11　$\Delta t_{m并}=104℃$

　　$\Delta t_{m逆}=150℃$

4-12　$\Delta t_m=37.2℃$

4-13　应采用逆流流动

　　$\Delta t_m=18.2℃$

4-14　(1) $1.4\times10^4\text{kg/h}$

　　(2) $\Delta t_{m并}=51℃$

$A_{并} = 1.38\text{m}^2$

（3）$\Delta t_{m逆} = 55\text{℃}$

$A_{逆} = 1.28\text{m}^2$

（4）逆流传热优于并流传热

4-15 $K = 27.8\text{W/(m}^2 \cdot \text{℃)}$

4-16 $K = 555\text{ W/(m}^2 \cdot \text{℃)}$

4-17 （1）$K = 215\text{W/(m}^2 \cdot \text{℃)}$

（2）10.3%

4-18 （1）$Q = 168\text{W}$

（2）$t_2 = 11.3\text{℃}$

（3）$K = 34\text{W/(m}^2 \cdot \text{℃)}$

（4）$K = 66.5\text{ W/(m}^2 \cdot \text{℃)}$

（5）$K = 34.5\text{ W/(m}^2 \cdot \text{℃)}$

（6）提高较小的 α 值可以使 K 值显著地增大

4-19 不能满足要求

第五章 习题答案

5-1 $W = 2357\text{kg/h}$

$F - W = 643\text{kg/h}$

5-2 20℃加料：$D = 1135 \times 10^3 \text{kg/h}$

$D/W = 1.42$

沸点加料：$D = 835\text{kg/h}$

$D/W = 1.04$

5-3 $W = 1600\text{kg/h}$

$D = 1784\text{kg/h}$

$A = 15.5\text{m}^2$

附 录

一、常用单位的换算

1. 一些物理量在三种单位制中单位

物理量名称	中文单位	SI 制 单位	物理制（CGS 制）单位	工程单位 单位
长度	米	m	cm	m
时间	秒	s	s	s
质量	千克	kg	g	$kgf \cdot s^2/m$
重量（或力）	牛顿	N 或 $kg \cdot m/s^2$	$g \cdot cm/s^2$ 或 dyn	kgf
速度	米/秒	m/s	cm/s	m/s
加速度	米/秒^2	m/s^2	cm/s^2	m/s^2
密度	千克/米^3	kg/m^3	g/cm^3	$kgf \cdot s^2/m^4$
重度	千克/（米$^2 \cdot$秒^2）	$kg/(m^2 \cdot s^2)$	$g/(m^2 \cdot s^2)$	kgf/m^3
压力，压强	千克/（米$\cdot$秒^2）或帕斯卡	$Pa(N/m^2)$	$g/(cm \cdot s^2)$ 或 dyn/cm^2	kgf/m^2
功或能	千克$\cdot$米^2/秒^2 或焦耳	$J(N \cdot m)$	$g \cdot cm^2/s^2$ 或 erg	$kgf \cdot m$
功率	瓦特	$W(J/s)$	$g \cdot cm^2/s^3$ 或 erg/s	$kgf \cdot m/s$
黏度	帕斯卡$\cdot$秒	$Pa \cdot s[kg/(m \cdot s)]$	$g/(cm \cdot s)$ 或 P	$kgf \cdot s/m^2$
运动黏度	米^2/秒	m^2/s	cm^2/s 或 St	m^2/s
表面张力	牛顿/米	$N/m(kg/s^2)$	dyn/cm	kgf/m
扩散系数	米^2/秒	m^2/s	m^2/s	m^2/s

2. 单位换算表

说明：下列表格中，各单位名称上标注的数字代表不同的单位制：①SI 制，②CGS 制，③工程制。没有标注数字的是制外单位，标有 * 号是英制单位。

（1）长度

①③ m 米	② cm 厘米	* ft 英尺	* in 英寸
1	100	3.281	39.37
10^{-2}	1	0.03281	0.3937
0.3048	30.48	1	12
0.0254	2.54	0.08333	1

（2）面积

①③ m^2 米^2	② cm^2 厘米^2	* ft^2 英尺^2	* in^2 英寸^2
1	10^4	10.76	1550
10^{-4}	1	0.001076	0.1550
0.0929	929.0	1	144.0
0.0006452	6.452	0.006944	1

(3) 体积

①③ m³ 米³	② cm³ 厘米³	升	* ft³ 英尺³	* 加仑(英)	* 加仑(美)
1	10⁶	10³	35.3147	219.975	264.171
10^{-6}	1	10^{-3}	$3.531×10^{-5}$	0.0002200	0.0002642
10^{-3}	10^{3}	1	0.03531	0.21998	0.26417
0.02832	28320	28.32	1	6.2288	7.48048
0.004546	4545.9	4.5459	0.16054	1	1.20095
0.003785	3785.3	3.7853	0.13368	0.8327	1

(4) 质量

① kg 千克	② g 克	③ kgf·s²/m, 千克(力)·秒²/米	吨	* lb 磅
1	1000	0.1020	10^{-3}	2.20462
10^{-3}	1	$1.020×10^{-4}$	10^{-6}	0.002205
9.807	9807	1	$9.807×10^{-3}$	21.62071
0.4536	453.6	$4.625×10^{-2}$	$4.536×10^{-4}$	1

(5) 重力

① N 牛顿	② dyn 达因	③ kgf 千克(力)	* lbf 磅(力)
1	10^{5}	0.1020	0.2248
10^{-5}	1	$1.020×10^{-6}$	$2.248×10^{-6}$
9.807	$9.807×10^{5}$	1	2.2046
4.448	$4.448×10^{5}$	0.4536	1

(6) 密度

① kg/m³ 千克/米³	② g/cm³ 克/厘米³	* lb/ft³ 磅/英尺³
1	10^{-3}	0.06243
1000	1	62.43
16.02	0.01602	1

(7) 压强

① Pa=N/m² 帕斯卡=牛顿/米²	② bar 巴	③ kgf/m²=mmH₂O 毫米水柱	atm 物理大气压	kgf/cm² 工程大气压	mmHg 毫米汞柱	* lbf/in² 磅/英寸²
1	10^{-5}	0.1020	$9.869×10^{-6}$	$1.02×10^{-5}$	0.00750	$1.45×10^{-4}$
10^{5}	1	10200	0.9869	1.02	750.0	14.5
9.807	$9.807×10^{-5}$	1	$9.678×10^{-5}$	10^{-4}	0.07355	0.001422
$1.013×10^{5}$	1.013	10330	1	1.033	760.0	14.70
$9.807×10^{4}$	0.9807	10^{4}	0.9678	1	735.5	14.22
133.32	0.001333	0.001360	0.001316	0.001360	1	0.0193
6895	0.06895	703.1	0.06804	0.07031	51.72	1

(8) 黏度

① Pa·s=kg/(m·s) 帕斯卡·秒	② P=g/(cm·s) 泊	③ kgf·s/m² 千克(力)·秒/米²	cP 厘泊	* lb/(ft·s) 磅/(英尺·秒)
1	10	0.1020	1000	0.6719
10^{-1}	1	0.01020	100	0.06719
9.807	98.07	1	9807	6.589
10^{-3}	10^{-2}	1.020×10^{-4}	1	6.719×10^{-4}
1.488	14.88	0.1517	1488	1

(9) 运动黏度、扩散系数

①③ m²/s 米²/秒	② cm²/s 厘米²/秒	* ft²/h 英尺²/时
1	10^4	38750
10^{-4}	1	3.875
1.581×10^{-5}	0.2581	1

(10) 表面张力

① N/m 牛顿/米	② dyn/cm 达因/厘米	③ kgf/m 千克(力)/米	* lbf/ft 磅(力)/英尺
1	1000	0.1020	0.06852
0.001	1	1.020×10^{-4}	6.854×10^{-5}
9.807	9807	1	0.672
14.59	14590	1.488	1

(11) 能量、功、热

① J=N·m 焦耳	② erg=dyn·cm 尔格	③ kgf·m 千克(力)·米	③ kcal=1000cal 千卡	kW·h 千瓦时	* lbf·ft 磅(力)·英尺	* B.t.u. 英热单位
10^{-7}	1					
1	10^7	0.1020	2.39×10^{-4}	2.778×10^{-7}	0.7377	9.486×10^{-4}
9.807		1	2.342×10^{-3}	2.724×10^{-6}	7.233	9.296×10^{-3}
4186.8		426.9	1	1.162×10^{-3}	3087	3.968
3.6×10^6		3.671×10^5	860.0	1	2.655×10^6	3413
1.3558		0.1383	3.239×10^{-4}	3.766×10^{-7}	1	1.285×10^{-3}
1055		107.58	0.2520	2.928×10^{-4}	778.1	1

(12) 功率、传热速率

① kW=1000J/s 千瓦	② erg/s 尔格/秒	③ kgf·m/s 千克(力)·米/秒	③ kcal/s=1000cal/s 千卡/秒	* lbf·ft/s 磅(力)·英尺/秒	* B.t.u./s 英热单位/秒
1	10^{10}	101.97	0.2389	735.56	0.9486
10^{-10}	1				
0.009807		1	0.002342	7.233	0.009293
4.1868		426.85	1	3087.44	3.9683
0.001356		0.13825	3.2389×10^{-4}	1	0.001285
1.055		107.58	0.251996	778.168	1

(13) 热导率

① W/(m·K) 瓦/(米·K)	② cal/(cm·s·℃) 卡/(厘米·秒·℃)	③ kcal/(m·s·℃) 千卡/(米·秒·℃)	kcal/(m·h·℃) 千卡/(米·时·℃)	* B.t.u./(ft·h·℉) 英热单位/(英尺·时·℉)
1	2.389×10^{-3}	2.389×10^{-4}	0.8598	0.578
418.68	1	10^{-1}	360	241.9
4186.8	10	1	3600	2419
1.163	2.778×10^{-3}	2.778×10^{-4}	1	0.6720
1.731	4.134×10^{-3}	4.134×10^{-4}	1.488	1

(14) 比热容

① J/(kg·K) 焦耳/(千克·K)	② cal/(g·℃) 卡/(克·℃)	③ kcal/(kg·℃) 千卡/(千克·℃)	* B.t.u./(lb·℉) 英热单位/(磅·℉)
1	2.389×10^{-4}	2.389×10^{-4}	2.389×10^{-4}
4187	1	1	1

(15) 传热系数

① W/(m²·K) 瓦/(米²·K)	② cal/(cm²·s·℃) 卡/(厘米²·秒·℃)	③ kcal/(m²·s·℃) 千卡/(米²·秒·℃)	* B.t.u./(ft²·h·℉) 英热单位/(英尺²·时·℉)
1	2.389×10^{-5}	2.389×10^{-4}	0.1761
4.187×10^4	1	10	7374
4187	0.1	1	737.4
5.678	1.356×10^{-4}	1.356×10^{-3}	1

(16) 标准重力加速度

$g = 980.7 \text{cm/s}^2$ ②

$\quad = 9.807 \text{m/s}^2$ ①③

$\quad = 32.17 \text{ft/s}^2$ *

(17) 通用气体常数

$R = 1.987 \text{cal/(mol·K)}$ ②

$\quad = 8.314 \text{kJ/(kmol·K)}$ ①

$\quad = 82.06 \text{atm·cm}^3/(\text{mol·K})$

$\quad = 0.08206 \text{atm·m}^3/(\text{kmol·K})$

$\quad = 1.987 \text{B.t.u./(lbmol·°R)}$ *

二、某些气体的重要物理性质

名称	分子式	密度(0℃, 101.33kPa)/(kg/m³)	比热容/[kJ/(kg·℃)]	黏度 $\mu \times 10^5$/Pa·s	沸点(101.33kPa)/℃	汽化热/(kJ/kg)	临界点 温度/℃	临界点 压强/kPa	热导率/[W/(m·℃)]
空气	—	1.293	1.009	1.73	−195	197	−140.7	3768.4	0.0244
氧	O_2	1.429	0.653	2.03	−132.98	213	−118.83	5036.6	0.0240
氮	N_2	1.251	0.745	1.70	−195.78	199.2	−147.13	3392.5	0.0228
氢	H_2	0.0899	10.13	0.842	−252.75	454.2	−239.9	1296.6	0.163

续表

名称	分子式	密度(0℃, 101.33kPa) /(kg/m³)	比热容 /[kJ/(kg·℃)]	黏度 $\mu \times 10^5$ /Pa·s	沸点 (101.33kPa) /℃	汽化热 /(kJ/kg)	临界点 温度/℃	临界点 压强/kPa	热导率 /[W/(m·℃)]
氦	He	0.1785	3.18	1.88	−268.95	19.5	−267.96	228.94	0.144
氩	Ar	1.7820	0.322	2.09	−185.87	163	−122.44	4862.4	0.0173
氯	Cl₂	3.217	0.355	1.29(16℃)	−33.8	305	+144.0	7708.9	0.0072
氨	NH₃	0.771	0.67	0.918	−33.4	1373	+132.4	11295	0.0215
一氧化碳	CO	1.250	0.754	1.66	−191.48	211	−140.2	3497.9	0.0226
二氧化碳	CO₂	1.976	0.653	1.37	−78.2	574	+31.1	7384.8	0.0137
二氧化硫	SO₂	2.927	0.502	1.17	−10.8	394	+157.5	7879.1	0.0077
二氧化氮	NO₂	—	0.615	—	+21.2	712	+158.2	10130	0.0400
硫化氢	H₂S	1.539	0.804	1.166	−60.2	548	+100.4	19136	0.0131
甲烷	CH₄	0.717	1.70	1.03	−161.58	511	−82.15	4619.3	0.0300
乙烷	C₂H₆	1.357	1.44	0.850	−88.50	486	+32.1	4948.5	0.0180
丙烷	C₃H₈	2.020	1.65	0.795(18℃)	−42.1	427	+95.6	4355.9	0.0148
正丁烷	C₄H₁₀	2.673	1.73	0.810	−0.5	386	+152	3798.8	0.0135
乙烯	C₂H₄	1.261	1.222	0.985	−103.7	481	+9.7	5135.9	0.0164
丙烯	C₃H₆	1.914	1.436	0.835(20℃)	−47.7	440	+91.4	4599.0	—
乙炔	C₂H₂	1.171	1.352	0.935	−83.66(升华)	829	+35.7	6240.0	0.0184
氯甲烷	CH₃Cl	2.308	0.582	0.989	−24.1	406	+148	6685.8	0.0085
苯	C₆H₆	—	1.139	0.72	+80.2	394	+288.5	4832.0	0.0088

三、某些液体的重要物理性质

名称	分子式	密度(20℃)/(kg/m³)	沸点(101.33kPa)/℃	汽化热/(kJ/kg)	比热容(20℃)/[kJ/(kg·℃)]	黏度(20℃)/mPa·s	热导率(20℃)/[W/(m·℃)]	体积膨胀系数 $\beta \times 10^4$(20℃)/(1/℃)	表面张力 $\sigma \times 10^3$(20℃)/(N/m)
水	H₂O	998	100	2258	4.183	1.005	0.599	1.82	72.8
氯化钠盐水(25%)	—	1186(25℃)	107	—	3.39	2.3	0.57(30℃)	(4.4)	—
氯化钙盐水(25%)	—	1228	107	—	2.89	2.5	0.57	(3.4)	—
硫酸	H₂SO₄	1831	340(分解)	—	1.47(98%)	—	0.38	5.7	—
硝酸	HNO₃	1513	86	481.1	—	1.17(10℃)	—	—	—
盐酸(30%)	HCl	1149	—	—	2.55	2(31.5%)	0.42	—	—
二硫化碳	CS₂	1262	46.3	352	1.005	0.38	0.16	12.1	32
戊烷	C₅H₁₂	626	36.07	357.4	2.24(15.6℃)	0.229	0.113	15.9	16.2

续表

名称	分子式	密度(20℃)/(kg/m³)	沸点(101.33kPa)/℃	汽化热/(kJ/kg)	比热容(20℃)/[kJ/(kg·℃)]	黏度(20℃)/mPa·s	热导率(20℃)/[W/(m·℃)]	体积膨胀系数 $\beta \times 10^4$ (20℃)/(1/℃)	表面张力 $\sigma \times 10^3$ (20℃)/(N/m)
己烷	C_6H_{14}	659	68.74	335.1	2.31 (15.6℃)	0.313	0.119	—	18.2
庚烷	C_7H_{16}	684	98.43	316.5	2.21 (15.6℃)	0.411	0.123		20.1
辛烷	C_8H_{18}	763	125.67	306.4	2.19 (15.6℃)	0.540	0.131		21.8
三氯甲烷	$CHCl_3$	1489	61.2	253.7	0.992	0.58	0.138 (30℃)	12.6	28.5 (10℃)
四氯化碳	CCl_4	1594	76.8	195	0.850	1.0	0.12		26.8
苯	C_6H_6	879	80.10	393.9	1.704	0.737	0.148	12.4	28.6
甲苯	C_7H_8	867	110.63	363	1.70	0.675	0.138	10.9	27.9
邻二甲苯	C_8H_{10}	880	144.42	347	1.74	0.811	0.142		30.2
间二甲苯	C_8H_{10}	864	139.10	343	1.70	0.611	0.167	10.1	29.0
对二甲苯	C_8H_{10}	861	138.35	340	1.704	0.643	0.129		28.0
苯乙烯	C_8H_9	911 (15.6℃)	145.2	(352)	1.733	0.72	—		
氯苯	C_6H_5Cl	1106	131.8	325	1.298	0.85	0.14 (30℃)		32
硝基苯	$C_6H_5NO_2$	1203	210.9	396	1.47	2.1	0.15		41
苯胺	$C_6H_5NH_2$	1022	184.4	448	2.07	4.3	0.17	8.5	42.9
苯酚	C_6H_5OH	1050 (50℃)	181.8 (熔点40.9)	511	—	3.4 (50℃)	—		
萘	$C_{10}H_8$	1145 (固体)	217.9 (熔点80.2)	314	1.80 (100℃)	0.59 (100℃)			
甲醇	CH_3OH	791	64.7	1101	2.48	0.6	0.212	12.2	22.6
乙醇	C_2H_5OH	789	78.3	846	2.39	1.15	0.172	11.6	22.8
乙醇(95%)	—	804	78.2	—	—	1.4			
乙二醇	$C_2H_4(OH)_2$	1113	197.6	780	2.35	23	—	—	47.7
甘油	$C_3H_5(OH)_3$	1261	290 (分解)	—	—	1499	0.59	5.3	63
乙醚	$(C_2H_5)_2O$	714	34.6	360	2.34	0.24	0.14	16.3	18
乙醛	CH_3CHO	783 (18℃)	20.2	574	1.9	1.3 (18℃)	—		21.2

续表

名称	分子式	密度(20℃)/(kg/m³)	沸点(101.33kPa)/℃	汽化热/(kJ/kg)	比热容(20℃)/[kJ/(kg·℃)]	黏度(20℃)/mPa·s	热导率(20℃)/[W/(m·℃)]	体积膨胀系数 $\beta \times 10^4$ (20℃)/(1/℃)	表面张力 $\sigma \times 10^3$ (20℃)/(N/m)
糠醛	$C_5H_4O_2$	1168	161.7	452	1.6	1.15(50℃)	—		43.5
丙酮	CH_3COCH_3	792	56.2	523	2.35	0.32	0.17		23.7
甲酸	HCOOH	1220	100.7	494	2.17	1.9	0.26		27.8
乙酸	CH_3COOH	1049	118.1	406	1.99	1.3	0.17	10.7	23.9
醋酸乙酯	$CH_3COOC_2H_5$	901	77.1	368	1.92	0.48	0.14(10℃)		—
煤油	—	780~820	—	—	—	3	0.15	10.0	
汽油	—	680~800	—	—	—	0.7~0.8	0.19(30℃)	12.5	

四、某些固体的重要物理性质

名　　称	密度/(kg/m³)	热导率/[W/(m·℃)]	比热容/[kJ/(kg·℃)]
(1)金属			
钢	7850	45.3	0.46
不锈钢	7900	17	0.50
铸铁	7220	62.8	0.50
铜	8800	383.8	0.41
青铜	8000	64.0	0.38
黄铜	8600	85.5	0.38
铝	2670	203.5	0.92
镍	9000	58.2	0.46
铅	11400	34.9	0.13
(2)塑料			
酚醛	1250~1300	0.13~0.26	1.3~1.7
聚氯乙烯	1380~1400	0.16	1.8
低压聚乙烯	940	0.29	2.6
高压聚乙烯	920	0.26	2.2
有机玻璃	1180~1190	0.14~0.20	
(3)建筑、绝热、耐酸材料及其他			
黏土砖	1600~1900	0.47~0.67	0.92
耐火砖	1840	1.05(800~1100℃)	0.88~1.0
绝缘砖(多孔)	600~1400	0.16~0.37	—
石棉板	770	0.11	0.816
石棉水泥板	1600~1900	0.35	—
玻璃	2500	0.74	0.67
橡胶	1200	0.06	1.38
冰	900	2.3	2.11

五、干空气的物理性质（101.33kPa）

温度 t/℃	密度 ρ /(kg/m³)	比热容 c_p /[kJ/(kg·℃)]	热导率 $\lambda \times 10^2$ /[W/(m·℃)]	黏度 $\mu \times 10^5$ /Pa·s	普朗特数 Pr
−50	1.584	1.013	2.035	1.46	0.728
−40	1.515	1.013	2.117	1.52	0.728
−30	1.453	1.013	2.198	1.57	0.723
−20	1.395	1.009	2.279	1.62	0.716
−10	1.342	1.009	2.360	1.67	0.712
0	1.293	1.005	2.442	1.72	0.707
10	1.247	1.005	2.512	1.77	0.705
20	1.205	1.005	2.593	1.81	0.703
30	1.165	1.005	2.675	1.86	0.701
40	1.128	1.005	2.756	1.91	0.699
50	1.093	1.005	2.826	1.96	0.698
60	1.060	1.005	2.896	2.01	0.696
70	1.029	1.009	2.966	2.06	0.694
80	1.000	1.009	3.047	2.11	0.692
90	0.972	1.009	3.128	2.15	0.690
100	0.946	1.009	3.210	2.19	0.688
120	0.898	1.009	3.338	2.29	0.686
140	0.854	1.013	3.489	2.37	0.684
160	0.815	1.017	3.640	2.45	0.682
180	0.779	1.022	3.780	2.53	0.681
200	0.746	1.026	3.931	2.60	0.680
250	0.674	1.038	4.288	2.74	0.677
300	0.615	1.048	4.605	2.97	0.674
350	0.566	1.059	4.908	3.14	0.676
400	0.524	1.068	5.210	3.31	0.678
500	0.456	1.093	5.745	3.62	0.687
600	0.404	1.114	6.222	3.91	0.699
700	0.362	1.135	6.711	4.18	0.706
800	0.329	1.156	7.176	4.43	0.713
900	0.301	1.172	7.630	4.67	0.717
1000	0.277	1.185	8.041	4.90	0.719
1100	0.257	1.197	8.502	5.12	0.722
1200	0.239	1.206	9.153	5.35	0.724

六、水的物理性质

温度 /℃	饱和蒸气压 /kPa	密度 /(kg/m³)	焓 /(kJ/kg)	比热容 /[kJ/(kg·℃)]	热导率 $\lambda \times 10^2$ /[W/(m·℃)]	黏度 $\mu \times 10^5$ /Pa·s	体积膨胀系数 $\beta \times 10^4$ /(1/℃)	表面张力 $\sigma \times 10^5$ /(N/m)	普朗特数 Pr
0	0.6082	999.9	0	4.212	55.13	179.21	−0.63	75.6	13.66
10	1.2262	999.7	42.04	4.191	57.45	130.77	+0.70	74.1	9.52
20	2.3346	998.2	83.90	4.183	59.89	100.50	1.82	72.6	7.01
30	4.2474	995.7	125.69	4.174	61.76	80.07	3.21	71.2	5.42
40	7.3766	992.2	167.51	4.174	63.38	65.60	3.87	69.6	4.32
50	12.34	988.1	209.30	4.174	64.78	54.94	4.49	67.7	3.54
60	19.923	983.2	251.12	4.178	65.94	46.88	5.11	66.2	2.98
70	31.164	977.8	292.99	4.187	66.76	40.61	5.70	64.3	2.54
80	47.379	971.8	334.94	4.195	67.45	35.65	6.32	62.6	2.22
90	70.136	965.3	376.98	4.208	68.04	31.65	6.95	60.7	1.96
100	101.33	958.4	419.10	4.220	68.27	28.38	7.52	58.8	1.76
110	143.31	951.0	461.34	4.238	68.50	25.89	8.08	56.9	1.61
120	198.64	943.1	503.67	4.260	68.62	23.73	8.64	54.8	1.47
130	270.25	934.8	546.38	4.266	68.62	21.77	9.17	52.8	1.36
140	361.47	926.1	589.08	4.287	65.50	20.10	9.72	50.7	1.26
150	476.24	917.0	632.20	4.312	68.38	18.63	10.3	48.6	1.18
160	618.28	907.4	675.33	4.346	68.27	17.36	10.7	46.6	1.11
170	792.59	897.3	719.29	4.379	67.92	16.28	11.3	45.3	1.05
180	1003.5	886.9	763.25	4.417	67.45	15.30	11.9	42.3	1.00
190	1255.6	876.0	807.63	4.460	66.99	14.42	12.6	40.0	0.96
200	1554.77	863.0	852.43	4.505	66.29	13.63	13.3	37.7	0.93
210	1917.72	852.8	897.65	4.555	65.48	13.04	14.1	35.4	0.91
220	2320.88	840.3	943.70	4.614	64.55	12.46	14.8	33.1	0.89
230	2798.59	827.3	990.18	4.681	63.73	11.97	15.9	31	0.88
240	3347.91	813.6	1037.49	4.756	62.80	11.47	16.8	28.5	0.87
250	3977.67	799.0	1085.64	4.844	61.76	10.98	18.1	26.2	0.86
260	4693.75	784.0	1135.04	4.949	60.48	10.59	19.7	23.8	0.87
270	5503.99	767.9	1185.28	5.070	59.96	10.20	21.6	21.5	0.88
280	6417.24	750.7	1236.28	5.229	57.45	9.81	23.7	19.1	0.89
290	7443.29	732.3	1289.95	5.485	55.82	9.42	26.2	16.9	0.93
300	8592.94	712.5	1344.80	5.736	53.96	9.12	29.2	14.4	0.97
310	9877.6	691.1	1402.16	6.071	52.34	8.83	32.9	12.1	1.02
320	11300.3	667.1	1462.03	6.573	50.59	8.3	38.2	9.81	1.11
330	12879.6	640.2	1526.19	7.243	48.73	8.14	43.3	7.67	1.22
340	14615.8	610.1	1594.75	8.164	45.71	7.75	53.4	5.67	1.38
350	16538.5	574.4	1671.37	9.504	43.03	7.26	66.8	3.81	1.60
360	18667.1	528.0	1761.39	13.984	39.54	6.67	109	2.02	2.36
370	21040.9	450.5	1892.43	40.319	33.73	5.69	264	0.471	6.80

七、饱和水蒸气表（按温度顺序排）

温度/℃	绝对压强 /(kgf/cm²)	/kPa	蒸汽的密度 /(kg/m³)	焓 液体 /(kcal/kg)	/(kJ/kg)	焓 蒸汽 /(kcal/kg)	/(kJ/kg)	汽化热 /(kcal/kg)	/(kJ/kg)
0	0.0062	0.6082	0.00484	0	0	595	2491.1	595	2491.1
5	0.0089	0.8730	0.00680	5.0	20.94	597.3	2500.8	592.3	2479.9
10	0.0125	1.2262	0.00940	10.0	41.87	599.6	2510.4	589.6	2468.5
15	0.0174	1.7068	0.01283	15.0	62.80	602.0	2520.5	587.0	2457.7
20	0.0238	2.3346	0.01719	20.0	83.74	604.3	2530.1	584.3	2446.3
25	0.0323	3.1684	0.02304	25.0	104.67	606.6	2539.7	581.6	2435.0
30	0.0433	4.2474	0.03036	30.0	125.60	608.9	2549.3	578.9	2423.7
35	0.0573	5.6207	0.03960	35.0	146.54	611.2	2559.0	576.2	2412.4
40	0.0752	7.3766	0.05114	40.0	167.47	613.5	2568.6	573.5	2401.1
45	0.0977	9.5837	0.06543	45.0	188.41	615.7	2577.8	570.7	2389.4
50	0.1258	12.340	0.0830	50.0	209.34	618.0	2587.4	568.0	2378.1
55	0.1605	15.743	0.1043	55.0	230.27	620.2	2596.7	565.2	2366.4
60	0.2031	19.923	0.1301	60.0	251.21	622.5	2606.3	562.0	2355.1
65	0.2550	25.014	0.1611	65.0	272.14	624.7	2615.5	559.7	2343.4
70	0.3177	31.164	0.1979	70.0	293.08	626.8	2624.3	556.8	2331.2
75	0.393	38.551	0.2416	75.0	314.01	629.0	2633.5	554.0	2319.5
80	0.483	47.379	0.2929	80.0	334.94	631.1	2642.3	551.2	2307.8
85	0.590	57.875	0.3531	85.0	355.88	633.2	2651.1	548.2	2295.2
90	0.715	70.136	0.4229	90.0	376.81	635.3	2659.9	545.3	2283.1
95	0.862	84.556	0.5039	95.0	397.75	637.4	2668.7	542.4	2270.9
100	1.033	101.33	0.5970	100.0	418.68	639.4	2677.0	539.4	2258.4
105	1.232	120.85	0.7036	105.1	440.03	641.3	2685.0	536.3	2245.4
110	1.461	143.31	0.8254	110.1	460.97	643.3	2693.4	533.1	2232.0
115	1.724	169.11	0.9635	115.2	482.32	645.2	2701.3	530.0	2219.3
120	2.025	198.64	1.1199	120.3	503.67	647.0	2708.9	526.7	2205.2
125	2.367	232.19	1.296	125.4	525.02	648.8	2716.4	523.5	2191.8
130	2.755	270.25	1.494	130.5	546.38	650.6	2723.9	520.1	2177.6
135	3.192	313.11	1.715	135.6	567.73	652.3	2731.0	516.7	2163.3
140	3.685	361.47	1.962	140.7	589.08	653.9	2737.7	513.2	2148.7
145	4.238	415.72	2.238	145.9	610.85	655.5	2744.4	509.7	2134.0
150	4.855	476.24	2.543	151.0	632.21	657.0	2750.7	506.0	2118.5
160	6.303	618.28	3.252	161.4	675.75	659.9	2762.9	498.5	2087.1
170	8.080	792.59	4.113	171.8	719.29	662.4	2773.3	490.6	2054.0
180	10.23	1003.5	5.145	182.3	763.25	664.6	2782.5	482.3	2019.3
190	12.80	1255.6	6.378	192.9	807.64	666.4	2790.1	473.5	1982.4
200	15.85	1554.77	7.840	203.5	852.01	667.7	2795.5	464.2	1943.5
210	19.55	1917.72	9.567	214.3	897.23	668.6	2799.3	454.4	1902.5
220	23.66	2320.88	11.60	225.1	942.45	669.0	2801.0	443.9	1858.5

续表

温度 /℃	绝对压强		蒸汽的密度 /(kg/m³)	焓				汽化热	
	/(kgf/cm²)	/kPa		液体		蒸汽			
				/(kcal/kg)	/(kJ/kg)	/(kcal/kg)	/(kJ/kg)	/(kcal/kg)	/(kJ/kg)
230	28.53	2798.59	13.98	236.1	988.50	668.8	2800.1	432.7	1811.6
240	34.13	3347.91	16.76	247.1	1034.56	668.0	2796.8	420.8	1761.8
250	40.55	3977.67	20.01	258.3	1081.45	664.0	2790.1	408.1	1708.6
260	47.85	4693.75	23.82	269.6	1128.76	664.2	2780.9	394.5	1651.7
270	56.11	5503.99	28.27	281.1	1176.91	661.2	2768.3	380.1	1591.4
280	65.42	6417.24	33.47	292.7	1225.48	657.3	2752.0	364.6	1526.5
290	75.88	7443.29	39.60	304.4	1274.46	652.6	2732.3	348.1	1457.4
300	87.6	8592.94	46.93	316.6	1325.54	646.8	2708.0	330.2	1382.5
310	100.7	9877.96	55.59	329.3	1378.71	640.1	2680.0	310.8	1301.3
320	115.2	11300.3	65.95	343.0	1436.07	632.5	2648.2	289.5	1212.1
330	131.3	12879.6	78.53	357.5	1446.78	623.5	2610.5	266.6	1116.2
340	149.0	14615.8	93.98	373.3	1562.93	613.5	2568.6	240.1	1005.7
350	168.6	16538.5	113.2	390.8	1636.20	601.1	2516.7	210.3	880.5
360	190.3	18667.1	139.6	413.0	1729.15	583.4	2442.6	170.3	713.0
370	214.5	21040.9	171.0	451.0	1888.25	549.8	2301.9	98.2	411.1
374	225	22070.9	322.6	501.1	2098.0	501.1	2098.0	0	0

八、饱和水蒸气表（按压强顺序排）

绝对压强/kPa	温度/℃	蒸汽的密度 /(kg/m³)	焓/(kJ/kg)		汽化热 /(kJ/kg)
			液体	蒸汽	
1.0	6.3	0.00773	26.48	2503.1	2476.8
1.5	12.5	0.01133	52.26	2515.3	2463.0
2.0	17.0	0.01486	71.21	2524.2	2452.9
2.5	20.9	0.01836	87.45	2531.8	2444.3
3.0	23.5	0.02179	98.38	2536.8	2438.4
3.5	26.1	0.02523	109.30	2541.8	2432.5
4.0	28.7	0.02867	120.23	2546.8	2426.6
4.5	30.8	0.03205	129.00	2550.9	2421.9
5.0	32.4	0.03537	135.69	2554.0	2418.3
6.0	35.6	0.04200	149.06	2560.1	2411.0
7.0	38.8	0.04864	162.44	2566.3	2403.8
8.0	41.3	0.05514	172.73	2571.0	2398.2
9.0	43.3	0.06156	181.16	2574.8	2393.6
10.0	45.3	0.06798	189.59	2578.5	2388.9
15.0	53.5	0.09956	224.03	2594.0	2370.0
20.0	60.1	0.13068	251.51	2606.4	2354.9
30.0	66.5	0.19093	288.77	2622.4	2333.7
40.0	75.0	0.24975	315.93	2634.1	2312.2
50.0	81.2	0.30799	339.80	2644.3	2304.5

续表

绝对压强/kPa	温度/℃	蒸汽的密度/(kg/m³)	焓/(kJ/kg) 液体	焓/(kJ/kg) 蒸汽	汽化热/(kJ/kg)
60.0	85.6	0.36514	358.21	2652.1	2293.9
70.0	89.9	0.42229	376.61	2659.8	2283.2
80.0	93.2	0.47807	390.08	2665.3	2275.3
90.0	96.4	0.53384	403.49	2670.8	2267.4
100.0	99.6	0.58961	416.90	2676.3	2259.5
120.0	104.5	0.69868	437.51	2684.3	2246.8
140.0	109.2	0.80758	457.67	2692.1	2234.4
160.0	113.0	0.82981	473.88	2698.1	2224.2
180.0	116.6	1.0209	489.32	2703.7	2214.3
200.0	120.2	1.1273	493.71	2709.2	2204.6
250.0	127.2	1.3904	534.39	2719.7	2185.4
300.0	133.3	1.6501	560.38	2728.5	2168.1
350.0	138.8	1.9074	583.76	2736.1	2152.3
400.0	143.4	2.1618	603.61	2742.1	2138.5
450.0	147.7	2.4152	622.42	2747.8	2125.4
500.0	151.7	2.6673	639.59	2752.8	2113.2
600.0	158.7	3.1686	670.22	2761.4	2091.1
700	164.7	3.6657	696.27	2767.8	2071.5
800	170.4	4.1614	720.96	2773.7	2052.7
900	175.1	4.6525	741.82	2778.1	2036.2
1×10^3	179.9	5.1432	762.68	2782.5	2019.7
1.1×10^3	180.2	5.6339	780.34	2785.5	2005.1
1.2×10^3	187.8	6.1241	797.92	2788.5	1990.6
1.3×10^3	191.5	6.6141	814.25	2790.9	1976.7
1.4×10^3	194.8	7.1038	829.06	2792.4	1963.7
1.5×10^3	198.2	7.5935	843.86	2794.5	1950.7
1.6×10^3	201.3	8.0814	857.77	2796.0	1938.2
1.7×10^3	204.1	8.5674	870.58	2797.1	1926.5
1.8×10^3	206.9	9.0533	883.39	2798.1	1914.8
1.9×10^3	209.8	9.5392	896.21	2799.2	1903.0
2×10^3	212.2	10.0338	907.32	2799.7	1892.4
3×10^3	233.7	15.0075	1005.4	2798.9	1793.5
4×10^3	250.3	20.0969	1082.9	2789.8	1706.8
5×10^3	263.8	25.3663	1146.9	2776.2	1629.2
6×10^3	275.4	30.8494	1203.2	2759.5	1556.3
7×10^3	285.7	36.5744	1253.2	2740.8	1487.6
8×10^3	294.8	42.5768	1299.2	2720.5	1403.7
9×10^3	303.2	48.8945	1343.5	2699.1	1356.6
10×10^3	310.9	55.5407	1384.0	2677.1	1293.1
12×10^3	324.5	70.3075	1463.4	2631.2	1167.7
14×10^3	336.5	87.3020	1567.9	2583.2	1043.4
16×10^3	347.2	107.8010	1615.8	2531.1	915.4
18×10^3	356.9	134.4813	1699.8	2466.0	766.1
20×10^3	365.6	176.5961	1817.8	2364.2	544.9

九、液体的黏度和密度

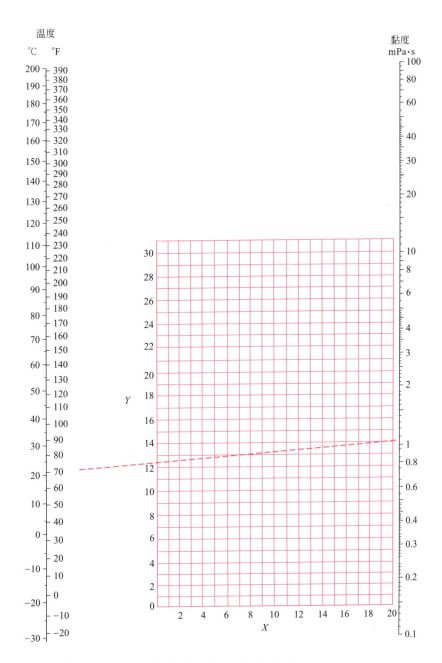

附录图 1　液体黏度共线图

液体黏度共线图的坐标值及液体的密度列于下表中：

序号	液体		X	Y	密度(20℃)/(kg/m³)
1	乙醛		15.2	14.8	783(18℃)
2	乙酸	100%	12.1	14.2	1049①
3		70%	9.5	17.0	1069
4	乙酸酐		12.7	12.8	1083
5	丙酮	100%	14.5	7.2	792
6		35%	7.9	15.0	948
7	丙烯醇		10.2	14.3	854
8	氨	100%	12.6	2.0	817(−79℃)
9		26%	10.1	13.9	904
10	乙酸戊酯		11.8	12.5	879
11	戊醇		7.5	18.4	817
12	苯胺		8.1	18.7	1022
13	苯甲醚		12.3	13.5	990
14	三氯化砷		13.9	14.5	2163
15	苯		12.5	10.9	880
16	氯化钙盐水	25%	6.6	15.9	1228
17	氯化钠盐水	25%	10.2	16.6	1186(25℃)
18	溴		14.2	13.2	3119
19	溴甲苯		20	15.9	1410
20	乙酸丁酯		12.3	11.0	882
21	丁醇		8.6	17.2	810
22	丁酸		12.1	15.3	964
23	二氧化碳		11.6	0.3	1101(−37℃)
24	二硫化碳		16.1	7.5	1263
25	四氯化碳		12.7	13.1	1595
26	氯苯		12.3	12.4	1107
27	三氯甲烷		14.4	10.2	1489
28	氯磺酸		11.2	18.1	1787(25℃)
29	氯甲苯(邻位)		13.0	13.3	1082
30	氯甲苯(间位)		13.3	12.5	1072
31	氯甲苯(对位)		13.3	12.5	1070
32	甲酚(间位)		2.5	20.8	1034
33	环己醇		2.9	24.3	962
34	二溴乙烷		12.7	15.8	2495
35	二氯乙烷		13.2	12.2	1256
36	二氯甲烷		14.6	8.9	1336

续表

序号	液体		X	Y	密度(20℃)/(kg/m³)
37	草酸乙酯		11.0	16.4	1079
38	草酸二甲酯		12.3	15.8	1148(54℃)
39	联苯		12.0	18.3	992(73℃)
40	草酸二丙酯		10.3	17.7	1038(0℃)
41	乙酸乙酯		13.7	9.1	901
42	乙醇	100%	10.5	13.8	789
43		95%	9.8	14.3	804
44		40%	6.5	16.6	935
45	乙苯		13.2	11.5	867
46	溴乙烷		14.5	8.1	1431
47	氯乙烷		14.8	6.0	917(6℃)
48	乙醚		14.5	5.3	708(25℃)
49	甲酸乙酯		14.2	8.4	923
50	碘乙烷		14.7	10.3	1933
51	乙二醇		6.0	23.6	1113
52	甲酸		10.7	15.8	1220
53	氟利昂-11(CCl_2F)		14.4	9.0	1494(17℃)
54	氟利昂-12(CCl_2F_2)		16.8	5.6	1486(20℃)
55	氟利昂-21($CHCl_2F$)		15.7	7.5	1426(0℃)
56	氟利昂-22($CHClF_2$)		17.2	4.7	3870(0℃)
57	氟利昂-113(CCl_2F-$CClF_2$)		12.5	11.4	1576
58	甘油	100%	2.0	30.0	1261
59		50%	6.9	19.6	1126
60	庚烷		14.1	8.4	684
61	己烷		14.7	7.0	659
62	盐酸	31.5%	13.0	16.6	1157
63	异丁醇		7.1	18.0	779(26℃)
64	异丁酸		12.2	14.4	949
65	异丙醇		8.2	16.0	789
66	煤油		10.2	16.9	780~820
67	粗亚麻仁油		7.5	27.2	930~938(15℃)
68	水银		18.4	16.4	13546
69	甲醇	100%	12.4	10.5	792
70		90%	12.3	11.8	820
71		40%	7.8	15.5	935
72	乙酸甲酯		14.2	8.2	924

续表

序号	液体		X	Y	密度(20℃)/(kg/m³)
73	氯甲烷		15.0	3.8	952(0℃)
74	丁酮		13.9	8.6	805
75	萘		7.9	18.1	1145
76	硝酸	95%	12.8	13.8	1493
77		60%	10.8	17.0	1367
78	硝基苯		10.6	16.2	1205(15℃)
79	硝基甲苯		11.0	17.0	1160
80	辛烷		13.7	10.0	703
81	辛醇		6.6	21.1	827
82	五氯乙烷		10.9	17.3	1671(25℃)
83	戊烷		14.9	5.2	630(18℃)
84	酚		6.9	20.8	1071(25℃)
85	三溴化磷		13.8	16.7	2852(15℃)
86	三氯化磷		16.2	10.9	1574
87	丙酸		12.8	13.8	992
88	丙醇		9.1	16.5	804
89	溴丙烷		14.5	9.6	1353
90	氯丙烷		14.4	7.5	890
91	碘丙烷		14.1	11.6	1749
92	钠		16.4	13.9	970
93	氢氧化钠	50%	3.2	25.8	1525
94	四氯化锡		13.5	12.8	2226
95	二氧化硫		15.2	7.1	1434(0℃)
96	硫酸	110%	7.2	27.4	1980
97		98%	7.0	24.8	1836
98		60%	10.2	21.3	1498
99	二氯二氧化硫		15.2	12.4	1667
100	四氯乙烷		11.9	15.7	1600
101	四氯乙烯		14.2	12.7	1624(15℃)
102	四氯化钛		14.4	12.3	1726
103	甲苯		13.7	10.4	886
104	三氯乙烯		14.8	10.5	1436
105	松节油		11.5	14.9	861~867
106	乙酸乙烯		14.0	8.8	932
107	水		10.2	13.0	998

① 乙酸的密度不能用加和方法计算。

十、101.33kPa 压强下气体的黏度

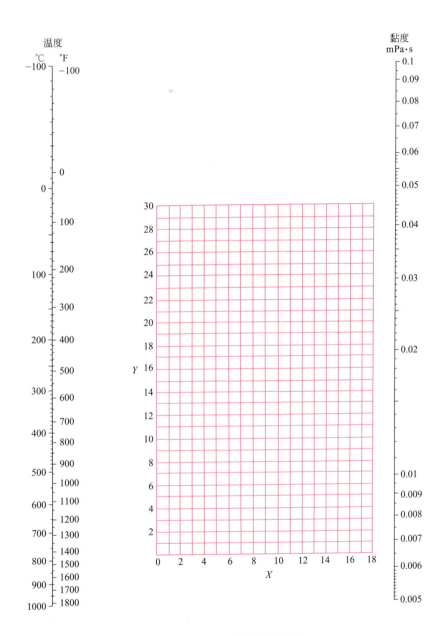

附录图 2　气体黏度共线图

气体黏度共线图的坐标值列于下表中：

序号	气体	X	Y	序号	气体	X	Y
1	乙酸	7.7	14.3	29	氟利昂-113(CCl_2F-$CClF_2$)	11.3	14.0
2	丙酮	8.9	13.0	30	氦	10.9	20.5
3	乙炔	9.8	4.9	31	己烷	8.6	11.8
4	空气	11.0	20.0	32	氢	11.2	12.4
5	氨	8.4	16.0	33	$3H_2+1N_2$	11.2	17.2
6	氩	10.5	22.4	34	溴化氢	8.8	20.9
7	苯	8.5	13.2	35	氯化氢	8.8	18.7
8	溴	8.9	19.2	36	氰化氢	9.8	14.9
9	丁烯(butene)	9.2	13.7	37	碘化氢	9.0	21.3
10	氙	9.3	23.0	38	硫化氢	8.6	18.0
11	二氧化碳	9.5	18.7	39	碘	9.0	18.4
12	二硫化碳	8.0	16.0	40	水银	5.3	22.9
13	一氧化碳	11.0	20.0	41	甲烷	9.9	15.5
14	氯	9.0	18.4	42	甲醇	8.5	15.6
15	三氯甲烷	8.9	15.7	43	一氧化氮	10.9	20.5
16	氰	9.2	15.2	44	氮	10.6	20.0
17	环己烷	9.2	12.0	45	五硝酰氯	8.0	17.6
18	乙烷	9.1	14.5	46	一氧化二氮	8.8	19.0
19	乙酸乙酯	8.5	13.2	47	氧	11.0	21.3
20	乙醇	9.2	14.2	48	戊烷	7.0	12.8
21	氯乙烷	8.5	15.6	49	丙烷	9.7	12.9
22	乙醚	8.9	13.0	50	丙醇	8.4	13.4
23	乙烯	9.5	15.1	51	丙烯	9.0	13.8
24	氟	7.3	23.8	52	二氧化硫	9.6	17.0
25	氟利昂-11(CCl_3F)	10.6	15.1	53	甲苯	8.6	12.4
26	氟利昂-12(CCl_2F_2)	11.1	16.0	54	2,3,3-三甲(基)丁烷	9.5	10.5
27	氟利昂-21($CHCl_2F$)	10.8	15.3	55	水	8.0	16.0
28	氟利昂-22($CHClF_2$)	10.1	17.0				

十一、液体的比热容

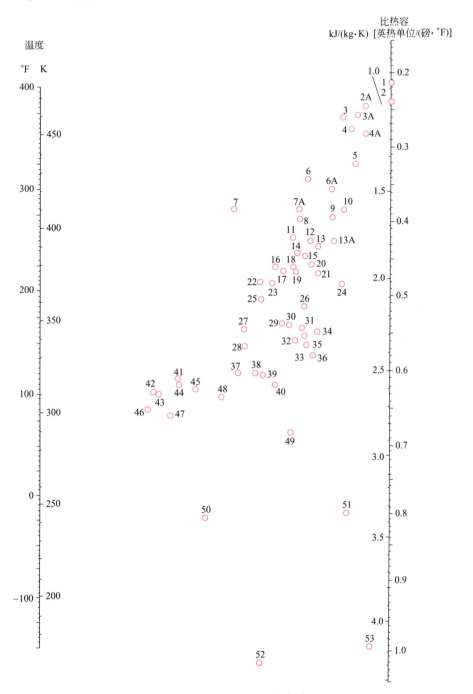

附录图 3　液体比热容共线图

液体比热容共线图的编号列于下表中：

号数	液体		温度范围/℃	号数	液体		温度范围/℃
29	乙酸	100%	0~80	7	碘乙烷		0~100
32	丙酮		20~50	39	乙二醇		−40~200
52	氨		−70~50	2A	氟利昂-11(CCl_3F)		−20~70
37	戊醇		−50~25	6	氟利昂-12(CCl_2F_2)		−40~15
26	乙酸戊酯		0~100	4A	氟利昂-21($CHCl_2F$)		−20~70
30	苯胺		0~130	7A	氟利昂-22($CHClF_2$)		−20~60
23	苯		10~80	3A	氟利昂-113($CCl_2F\sim CClF_2$)		−20~70
27	苯甲醇		−20~30	38	三元醇		−40~20
10	苯甲基氯		−30~30	28	庚烷		0~60
49	$CaCl_2$ 盐水	25%	−40~20	35	己烷		−80~20
51	NaCl 盐水	25%	−40~20	48	盐酸	30%	20~100
44	丁醇		0~100	41	异戊醇		10~100
2	二硫化碳		−100~25	43	异丁醇		0~100
3	四氯化碳		10~60	47	异丙醇		−20~50
8	氯苯		0~100	31	异丙醚		−80~20
4	三氯甲烷		0~50	40	甲醇		−40~20
21	癸烷		−80~25	13A	氯甲烷		−80~20
6A	二氯乙烷		−30~60	14	萘		90~200
5	二氯甲烷		−40~50	12	硝基苯		0~100
15	联苯		80~120	34	壬烷		−50~125
22	二苯甲烷		80~100	33	辛烷		−50~25
16	二苯醚		0~200	3	过氯乙烯		−30~140
16	道舍姆A(联苯醚)		0~200	45	丙醇		−20~100
24	乙酸乙酯		−50~25	20	吡啶		−51~25
42	乙醇	100%	30~80	9	硫酸	98%	10~45
46		95%	20~80	11	二氧化硫		−20~100
50		50%	20~80	23	甲苯		0~60
25	乙苯		0~100	53	水		−10~200
1	溴乙烷		5~25	19	二甲苯(邻位)		0~100
13	氯乙烷		−80~40	18	二甲苯(间位)		0~100
36	乙醚		−100~25	17	二甲苯(对位)		0~100

十二、101.33kPa 压强下气体的比热容

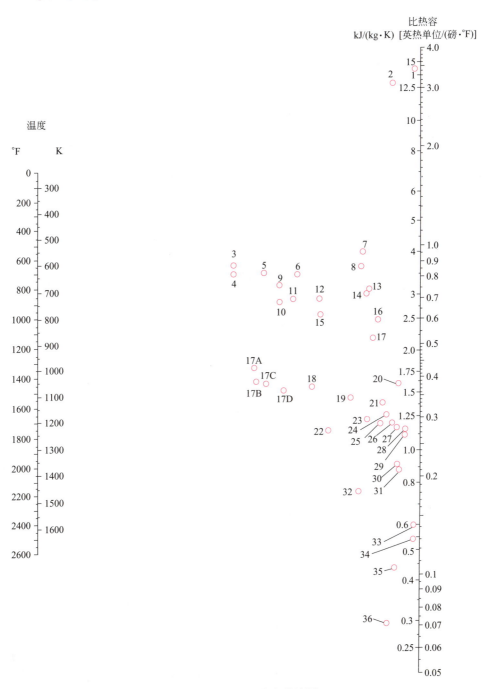

附录图 4 气体比热容共线图

气体比热容共线图的编号列于下表中：

号数	气体	温度范围/K
10	乙炔	273~473
15	乙炔	473~673
16	乙炔	673~1673
27	空气	273~1673
12	氨	273~873
14	氨	873~1673
18	二氧化碳	273~673
24	二氧化碳	673~1673
26	一氧化碳	273~1673
32	氯	273~473
34	氯	473~1673
3	乙烷	273~473
9	乙烷	473~873
8	乙烷	873~1673
4	乙烯	273~473
11	乙烯	473~873
13	乙烯	873~1673
17B	氟利昂-11(CCl_3F)	273~423
17C	氟利昂-21($CHCl_2F$)	273~423
17A	氟利昂-22($CHClF_2$)	278~423
17D	氟利昂-113(CCl_2F-$CClF_2$)	273~423
1	氢	273~873
2	氢	873~1673
35	溴化氢	273~1673
30	氯化氢	273~1673
20	氟化氢	273~1673
36	碘化氢	273~1673
19	硫化氢	273~973
21	硫化氢	973~1673
5	甲烷	273~573
6	甲烷	573~973
7	甲烷	973~1673
25	一氧化氮	273~973
28	一氧化氮	973~1673
26	氮	273~1673
23	氧	273~773
29	氧	773~1673
33	硫	573~1673
22	二氧化硫	273~673
31	二氧化硫	673~1673
17	水	273~1673

十三、汽化热（蒸发潜热）

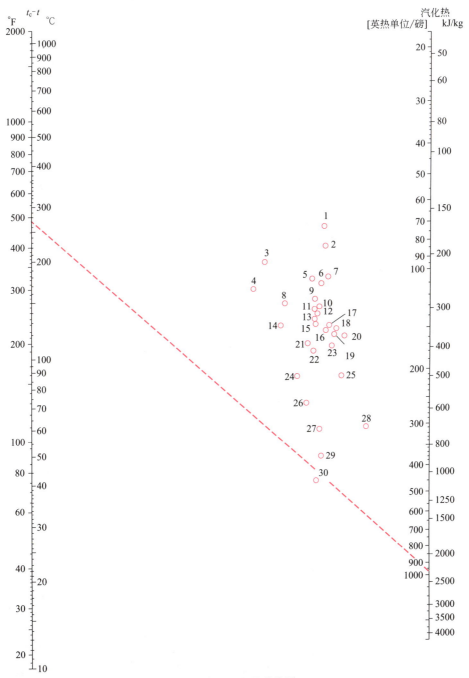

附录图 5　汽化热共线图

汽化热共线图的编号列于下表中：

号数	化合物	温度差范围(t_c-t)/℃	临界温度t_c/℃
18	乙酸	100~225	321
22	丙酮	120~210	235
29	氨	50~200	133
13	苯	10~400	289
16	丁烷	90~200	153
21	二氧化碳	10~100	31
4	二硫化碳	140~275	273
2	四氯化碳	30~250	283
7	三氯甲烷	140~275	263
8	二氯甲烷	150~250	216
3	联苯	175~400	527
25	乙烷	25~150	32
26	乙醇	20~140	243
28	乙醇	140~300	243
17	氯乙烷	100~250	187
13	乙醚	10~400	194
2	氟利昂-11(CCl_3F)	70~250	198
2	氟利昂-12(CCl_2F_2)	40~200	111
5	氟利昂-21($CHCl_2F$)	70~250	178
6	氟利昂-22($CHClF_2$)	50~170	96
1	氟利昂-113($CCl_2F\text{-}CClF_2$)	90~250	214
10	庚烷	20~300	267
11	己烷	50~225	235
15	异丁烷	80~200	134
27	甲醇	40~250	240
20	氯甲烷	70~250	143
19	一氧化二氮	25~150	36
9	辛烷	30~300	296
12	戊烷	20~200	197
23	丙烷	40~200	96
24	丙醇	20~200	264
14	二氧化硫	90~160	157
30	水	100~500	374

【例】 求100℃水蒸气的汽化热。

解： 从表中查出水的编号为30，临界温度t_c为374℃，故

$$t_c - t = 374 - 100 = 274℃$$

在温度标尺上找出相应于274℃的点,将该点与编号30的点相连,延长与汽化热标尺相交,由此读出100℃时水的汽化热为2257kJ/kg。

十四、管子规格(摘录)

1. 水、空气、采暖蒸汽和燃气等低压流体输送常用焊接钢管(摘自GB/T 3091—2015)

单位:mm

公称口径(DN)	外径(D)	壁厚(t) 普通钢管	壁厚(t) 加厚钢管	公称口径(DN)	外径(D)	壁厚(t) 普通钢管	壁厚(t) 加厚钢管
6	10.2	2.0	2.5	50	60.3	3.8	4.5
8	13.5	2.5	2.8	65	76.1	4.0	4.5
10	17.2	2.5	2.8	80	88.9	4.0	5.0
15	21.3	2.8	3.5	100	114.3	4.0	5.0
20	26.9	2.8	3.5	125	139.7	4.0	5.5
25	33.7	3.2	4.0	150	165.1	4.5	6.0
32	42.4	3.5	4.0	200	219.1	6.0	7.0
40	48.3	3.5	4.5				

注:表中的公称口径系近似内径的名义尺寸,不表示外径减去两倍壁厚所得的内径。

2. 通用普通无缝钢管(摘自GB/T 17395—2008)

单位:mm

外径(D)	壁厚(t) 从	壁厚(t) 到	外径(D)	壁厚(t) 从	壁厚(t) 到	外径(D)	壁厚(t) 从	壁厚(t) 到
6	0.25	2.0	16	0.25	5.0	32	0.4	8.0
7	0.25	2.5	17	0.25	5.0	34	0.4	8.0
8	0.25	2.5	19	0.25	6.0	38	0.4	10
9	0.25	2.8	20	0.25	6.0	40	0.4	10
10	0.25	3.5	21	0.4	6.0	42	1.0	10
11	0.25	3.5	25	0.4	7.0	48	1.0	12
12	0.25	4.0	27	0.4	7.0	51	1.0	12
13.5	0.25	4.0	28	0.4	7.0	57	1.0	14

注:壁厚(单位:mm)有0.25、0.30、0.40、0.50、0.60、0.80、1.0、1.2、1.4、1.5、1.6、1.8、2.0、2.2、2.5、2.8、3.0、3.2、3.5、4.0、4.5、5.0、5.5、6.0、6.5、7.0、7.5、8.0、8.5、9.0、9.5、10、11、12、13、14。

十五、离心泵规格（摘录）

1. IS 型单级单吸离心泵性能表（摘录）

型号	转速 n /(r/min)	流量 /(m³/h)	流量 /(L/s)	扬程 H/m	效率 η/%	功率/kW 轴功率	功率/kW 电机功率	必需汽蚀余量 $(NPSH)_r$/m	质量（泵/底座）/kg
IS 50-32-125	2900	7.5 12.5 15	2.08 3.47 4.17	22 20 18.5	47 60 60	0.96 1.13 1.26	2.2	2.0 2.0 2.5	32/46
	1450	3.75 6.3 7.5	1.04 1.74 2.08	5.4 5 4.6	43 54 55	0.13 0.16 0.17	0.55	2.0 2.0 2.5	32/38
IS 50-32-160	2900	7.5 12.5 15	2.08 3.47 4.17	34.3 32 29.6	44 54 56	1.59 2.02 2.16	3	2.0 2.0 2.5	50/46
	1450	3.75 6.3 7.5	1.04 1.74 2.08	13.1 12.5 12	35 48 49	0.25 0.29 0.31	0.55	2.0 2.0 2.5	50/38
IS 50-32-200	2900	7.5 12.5 15	2.08 3.47 4.17	82 80 78.5	38 48 51	2.82 3.54 3.95	5.5	2.0 2.0 2.5	52/66
	1450	3.75 6.3 7.5	1.04 1.74 2.08	20.5 20 19.5	33 42 44	0.41 0.51 0.56	0.75	2.0 2.0 2.5	52/38
IS 50-32-250	2900	7.5 12.5 15	2.08 3.47 4.17	21.8 20 18.5	23.5 38 41	5.87 7.16 7.83	11	2.0 2.0 2.5	88/110
	1450	3.75 6.3 7.5	1.04 1.74 2.08	5.35 5 4.7	23 32 35	0.91 1.07 1.14	1.5	2.0 2.0 3.0	88/64
IS 65-50-125	2900	7.5 12.5 15	4.17 6.94 8.33	35 32 30	58 69 68	1.54 1.97 2.22	3	2.0 2.0 3.0	50/41
	1450	3.75 6.3 7.5	2.08 3.47 4.17	8.8 8.0 7.2	53 64 65	0.21 0.27 0.30	0.55	2.0 2.0 2.5	50/38
IS 65-50-160	2900	15 25 30	4.17 6.94 8.33	53 50 47	54 65 66	2.65 3.35 3.71	5.5	2.0 2.0 2.5	51/66
	1450	7.5 12.5 15	2.08 3.47 4.17	13.2 12.5 11.8	50 60 60	0.36 0.45 0.49	0.75	2.0 2.0 2.5	51/38

续表

型号	转速 n /(r/min)	流量		扬程 H/m	效率 η/%	功率/kW		必需汽蚀余量 (NPSH)_r /m	质量(泵/底座) /kg
		/(m³/h)	/(L/s)			轴功率	电机功率		
IS 65-40-200	2900	15	4.17	53	49	4.42	7.5	2.0	62/66
		25	6.94	50	60	5.67		2.0	
		30	8.33	47	61	6.29		2.5	
	1450	7.5	2.08	13.2	43	0.63	1.1	2.0	62/46
		12.5	3.47	12.5	55	0.77		2.0	
		15	4.17	11.8	57	0.85		2.5	
IS 65-40-250	2900	15	4.17	82	37	9.05	15	2.0	82/110
		25	6.94	80	50	10.89		2.0	
		30	8.33	78	53	12.02		2.5	
	1450	7.5	2.08	21	35	1.23	2.2	2.0	82/67
		12.5	3.47	20	46	1.48		2.0	
		15	4.17	19.4	48	1.65		2.5	
IS 65-40-315	2900	15	4.17	127	28	18.5	30	2.5	152/110
		25	6.94	125	40	21.3		2.5	
		30	8.33	123	44	22.8		3.0	
	1450	7.5	2.08	32.2	25	6.63	4	2.5	152/67
		12.5	3.47	32.0	37	2.94		2.5	
		15	4.17	31.7	41	3.16		3.0	
IS 80-65-125	2900	30	8.33	22.5	64	2.87	5.5	3.0	44/46
		50	13.9	20	75	3.63		3.0	
		60	16.7	18	74	3.98		3.5	
	1450	15	4.17	5.6	55	0.42	0.75	2.5	44/38
		25	6.94	5	71	0.48		2.5	
		30	8.33	4.5	72	0.51		3.0	
IS 80-65-160	2900	30	8.33	36	61	4.82	7.5	2.5	48/66
		50	13.9	32	73	5.97		2.5	
		60	16.7	29	72	6.59		3.0	
	1450	15	4.17	9	55	0.67	1.5	2.5	48/46
		25	6.94	8	69	0.79		2.5	
		30	8.33	7.2	68	0.86		3.0	
IS 80-50-200	2900	30	8.33	53	55	7.87	15	2.5	64/124
		50	13.9	50	69	9.87		2.5	
		60	16.7	47	71	10.8		3.0	
	1450	15	4.17	13.2	51	1.06	2.2	2.5	64/46
		25	6.94	12.5	65	1.31		2.5	
		30	8.33	11.8	67	1.44		3.0	

续表

型号	转速 n /(r/min)	流量 /(m³/h)	流量 /(L/s)	扬程 H/m	效率 η/%	功率/kW 轴功率	功率/kW 电机功率	必需汽蚀余量 $(NPSH)_r$ /m	质量(泵/底座) /kg
IS 80-50-250	2900	30	8.33	84	52	13.2	22	2.5	90/110
		50	13.9	80	63	17.3		2.5	
		60	16.7	75	64	19.2		3.0	
	1450	15	4.17	21	49	1.75	3	2.5	90/64
		25	6.94	20	60	2.22		2.5	
		30	8.33	18.8	61	2.52		3.0	
IS 80-50-315	2900	30	8.33	128	41	25.5	37	2.5	125/160
		50	13.9	125	54	31.5		2.5	
		60	16.7	123	57	35.3		3.0	
	1450	15	4.17	32.5	39	3.4	5.5	2.5	125/66
		25	6.94	32	52	4.19		2.5	
		30	8.33	31.5	56	4.6		3.0	
IS 100-80-125	2900	60	16.7	24	67	5.86	11	4.0	49/64
		100	27.8	20	78	7.00		4.5	
		120	33.3	16.5	74	7.28		5.0	
	1450	30	8.33	6	64	0.77	1	2.5	49/46
		50	13.9	5	75	0.91		2.5	
		60	16.7	4	71	0.92		3.0	
IS 100-80-160	2900	60	16.7	36	70	8.42	15	3.5	69/110
		100	27.8	32	78	11.2		4.0	
		120	33.3	28	75	12.2		5.0	
	1450	30	8.33	9.2	67	1.12	2.2	2.0	69/64
		50	13.9	8.0	75	1.45		2.5	
		60	16.7	6.8	71	1.57		3.5	
IS 100-65-200	2900	60	16.7	54	65	13.6	22	3.0	81/110
		100	27.8	50	76	17.9		3.6	
		120	33.3	47	77	19.9		4.8	
	1450	30	8.33	13.5	60	1.84	4	2.0	81/64
		50	13.9	12.5	73	2.33		2.0	
		60	16.7	11.8	74	2.61		2.5	
IS 100-65-250	2900	60	16.7	87	61	23.4	37	3.5	90/160
		100	27.8	80	72	30.0		3.8	
		120	33.3	74.5	73	33.3		4.8	
	1450	30	8.33	21.3	55	3.16	5.5	2.0	90/66
		50	13.9	20	68	4.00		2.0	
		60	16.7	19	70	4.44		2.5	

2. Y型离心油泵性能表

型号	流量/(m³/h)	扬程/m	转速/(r/min)	功率/kW 轴	功率/kW 电机	效率/%	汽蚀余量/m	泵壳许用应力/Pa	结构形式	备注
50Y-60	12.5	60	2950	5.95	11	35	2.3	1570/2550	单级悬臂	泵壳许用应力内的分子表示第Ⅰ类材料相应的许用应力数,分母表示Ⅱ、Ⅲ类材料相应的许用应力数
50Y-60A	11.2	49	2950	4.27	8			1570/2550	单级悬臂	
50Y-60B	9.9	38	2950	2.39	5.5	35		1570/2550	单级悬臂	
50Y-60×2	12.5	120	2950	11.7	15	35	2.3	2158/3138	两级悬臂	
50Y-60×2A	11.7	105	2950	9.55	15			2158/3138	两级悬臂	
50Y-60×2B	10.8	90	2950	7.65	11			2158/3138	两级悬臂	
50Y-60×2C	9.9	75	2950	5.9	8			2158/3138	两级悬臂	
65Y-60	25	60	2950	7.5	11	55	2.6	1570/2550	单级悬臂	
65Y-60A	22.5	49	2950	5.5	8			1570/2550	单级悬臂	
65Y-60B	19.8	38	2950	3.75	5.5			1570/2550	单级悬臂	
65Y-100	25	100	2950	17.0	32	40	2.6	1570/2550	单级悬臂	
65Y-100A	23	85	2950	13.3	20			1570/2550	单级悬臂	
65Y-100B	21	70	2950	10.0	15			1570/2550	单级悬臂	
65Y-100×2	25	200	2950	34	55	40	2.6	2942/3923	两级悬臂	
65Y-100×2A	23.3	175	2950	27.8	40			2942/3923	两级悬臂	
65Y-100×2B	21.6	150	2950	22.0	32			2942/3923	两级悬臂	
65Y-100×2C	19.8	125	2950	16.8	20			2942/3923	两级悬臂	
80Y-60	50	60	2950	12.8	15	64	3.0	1570/2550	单级悬臂	
80Y-60A	45	49	2950	9.4	11			1570/2550	单级悬臂	
80Y-60B	39.5	38	2950	6.5	8			1570/2550	单级悬臂	
80Y-100	50	100	2950	22.7	32	60	3.0	1961/2942	单级悬臂	
80Y-100A	45	85	2950	18.0	25			1961/2942	单级悬臂	
80Y-100B	39.5	70	2950	12.6	20			1961/2942	单级悬臂	
80Y-100×2	50	200	2950	45.4	75	60	3.0	2942/3923	单级悬臂	
80Y-100×2A	46.6	175	2950	37.0	55	60	3.0	2942/3923	两级悬臂	
80Y-100×2B	43.2	150	2950	29.5	40				两级悬臂	
80Y-100×2C	39.6	125	2950	22.7	32				两级悬臂	

注:与介质接触的且受温度影响的零件,根据介质的性质需要采用不同性质的材料,所以分为三种材料,但泵的结构相同。第Ⅰ类材料不耐腐蚀,操作温度在-20~200℃之间,第Ⅱ类材料不耐硫腐蚀,操作温度在-45~400℃之间,第Ⅲ类材料耐硫腐蚀,操作温度在-45~200℃之间。

3. F型耐腐蚀泵性能表

泵型号	流量 /(m³/h)	流量 /(L/s)	扬程 /m	转数 /(r/min)	功率/kW 轴	功率/kW 电机	效率 /%	必需汽蚀余量[①] (NPSH)r/m	叶轮外径/mm
25F-16	3.6	1.0	16.0	2960	0.38	0.8	41	4.3	130
25F-16A	3.7	0.91	12.5	2960	0.27	0.8	41	4.3	118
40F-26	7.20	2.0	25.5	2960	1.14	2.2	44	4.3	148
40F-26A	6.55	1.82	20.5	2960	0.83	1.1	44	4.3	135
50F-40	14.4	4.0	40	2960	3.41	5.5	46	4.3	190
50F-40A	13.10	3.64	32.5	2960	2.54	4.0	46	4.3	178
50F-16	14.4	4.0	15.7	2960	0.96	1.5	64	4.3	123
50F-16A	13.10	3.64	12.0	2960	0.70	1.1	62	4.3	112
65F-16	28.8	8.0	15.7	2960	1.74	4.0	71	4.3	122
65F-16A	26.2	7.28	12.0	2960	1.24	2.2	69	4.3	112
100F-92	100.8	28.0	92.0	2960	37.1	55.0	68	6.5	274
100F-92A	94.3	26.2	80.0	2960	31.0	40.0	68	6.5	256
100F-92B	88.6	24.6	70.5	2960	25.4	40.0	67	6.5	241
150F-56	190.8	53.5	55.5	1480	40.1	55.0	72	6.5	425
150F-56A	178.2	49.5	48.0	1480	33.0	40.0	72	6.5	397
150F-56B	167.8	46.5	42.5	1480	27.3	40.0	71	6.5	374
150F-22	190.8	53.5	22.0	1480	14.3	30.0	80	6.6	284
150F-22A	173.5	48.2	17.5	1480	10.6	17.0	78	6.6	257

① 必需汽蚀余量的数据系编者依允许吸上高度数据换算而得的。

十六、离心通风机规格

1. 4-72-11型离心通风机规格（摘录）

机号	转数 /(r/min)	全压系数	全压 /mmH₂O	全压 /Pa	流量系数	流量 /(m³/h)	效率/%	所需功率 /kW
6C	2240	0.411	248	2432.1	0.220	15800	91	14.1
6C	2000	0.411	198	1941.8	0.220	14100	91	10.0
6C	1800	0.411	160	1569.1	0.220	12700	91	7.3
6C	1250	0.411	77	755.1	0.220	8800	91	2.53
6C	1100	0.411	49	480.5	0.220	7030	91	1.39
6C	800	0.411	30	294.2	0.220	5610	91	0.73
8C	1800	0.411	285	2795	0.220	29900	91	30.8
8C	1250	0.411	137	1343.6	0.220	20800	91	10.3
8C	1000	0.411	88	863.0	0.220	16600	91	5.52
8C	630	0.411	35	343.2	0.220	10480	91	1.51
10C	1250	0.434	227	2226.2	0.2218	41300	94.3	32.7
10C	1000	0.434	145	1422.0	0.2218	32700	94.3	16.5
10C	800	0.434	93	912.1	0.2218	26130	94.3	8.5
10C	500	0.434	36	353.1	0.2218	16390	94.3	2.3
6D	1450	0.411	104	1020	0.220	10200	91	4
6D	960	0.411	45	441.3	0.220	6720	91	1.32
8D	1450	0.44	200	1961.4	0.184	20130	89.5	14.2
8D	730	0.44	50	490.4	0.184	10150	89.5	2.06
16B	900	0.434	300	2942.1	0.2218	121000	94.3	127
20B	710	0.434	290	2844.0	0.2218	186300	94.3	190

2. 8-18、9-27 离心通风机综合特性曲线图

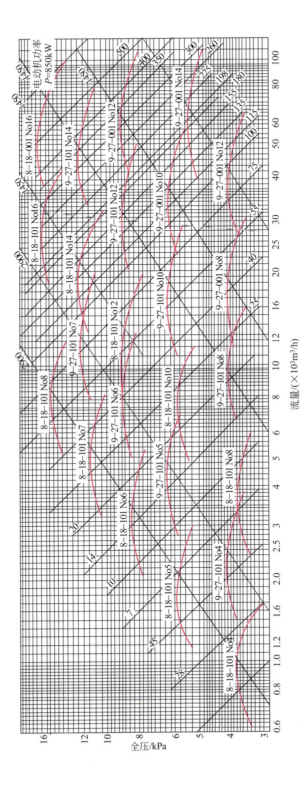

附录图 6　8-18、9-27 离心通风机综合特性曲线图

参 考 文 献

[1] 张弓编. 化工原理：上册. 北京：化学工业出版社，2000.
[2] 姚玉英，陈常贵，柴诚敬. 化工原理：上册. 2版. 天津：天津大学出版社，2004.
[3] 陆美娟. 化工原理：上册. 2版. 北京：化学工业出版社，2007.
[4] 柴诚敬，张国亮. 化工流体流动与传热. 2版. 北京：化学工业出版社，2007.
[5] 蒋维均，戴猷元，顾惠君. 化工原理：上册. 2版. 北京：清华大学出版社，2003.
[6] 何潮洪，冯霄. 化工原理. 北京：科学出版社，2001.
[7] 陈敏恒，从德滋，方图南，等. 化工原理：上册. 4版. 北京：化学工业出版社，2015.
[8] 时钧，汪家鼎，余国琮，等. 化学工程手册. 2版. 北京：化学工业出版社，1996.
[9] 张宏丽，刘兵，闫志谦，等. 化工单元操作. 2版. 北京：化学工业出版社，2011.
[10] 冷士良. 化工单元操作. 3版. 北京：化学工业出版社，2019.
[11] 刘红梅. 化工单元过程及操作. 北京：化学工业出版社，2008.